Armando Ayala-Corona

Elementos estadísticos para una certificación Black Belt

Armando Ayala-Corona

Elementos estadísticos para una certificación Black Belt

Diseño de experimentos y optimización

Editorial Académica Española

Imprint
Any brand names and product names mentioned in this book are subject to trademark, brand or patent protection and are trademarks or registered trademarks of their respective holders. The use of brand names, product names, common names, trade names, product descriptions etc. even without a particular marking in this work is in no way to be construed to mean that such names may be regarded as unrestricted in respect of trademark and brand protection legislation and could thus be used by anyone.

Cover image: www.ingimage.com

Publisher:
Editorial Académica Española
is a trademark of
Dodo Books Indian Ocean Ltd. and OmniScriptum S.R.L publishing group

120 High Road, East Finchley, London, N2 9ED, United Kingdom
Str. Armeneasca 28/1, office 1, Chisinau MD-2012, Republic of Moldova, Europe
Managing Directors: Ieva Konstantinova, Victoria Ursu
info@omniscriptum.com

Printed at: see last page
ISBN: 978-620-0-02107-6

Mejorar

En el entorno de Black Belt, mejorar significa buscar áreas de mejora en una organización y implementar estrategias para mejorarlas. Los Black Belts son profesionales certificados que se especializan en la resolución de problemas y la mejora de procesos.

Algunas de las funciones de un Black Belt son:
- Liderar proyectos de mejora
- Identificar oportunidades de mejora
- Formar equipos
- Guiar los proyectos desde el inicio hasta su finalización
- Resolver problemas complejos
- Capacitar a otros
- Promover una cultura de mejora

Un profesional con una certificación Black Belts puede trabajar en cualquier tipo de sector y pueden tener acceso a mejores oportunidades laborales y una mayor remuneración económica.

Los puntos más relevantes a la hora de buscar una mejora son:

- Tener identificadas los medibles
- Conocer los rangos de funcionamiento
- Ubicar las posibilidades de mejora
- Experimentar con las oportunidades de mejora en busca de opciones más eficientes

1. Introducción al Diseño de Experimentos

El diseño de un experimento es la secuencia completa de los pasos que se deben tomar de antemano, para planear y asegurar la obtención de toda la información relevante y adecuada al problema bajo investigación, la cual será analizada estadísticamente para obtener conclusiones válidas y objetivas con respecto a los objetivos planteados.

Un Diseño Experimental es una prueba o serie de pruebas en las cuales existen cambios deliberados en las variables de entrada de un proceso o sistema, de tal manera que sea posible observar e identificar las causas de los cambios que se producen en la respuesta de salida.

1.1. Modelo general de un proceso o sistema

Un proceso suele visualizarse como una Caja Negra en donde existe una transformación de lo que entra al proceso, y que se observa en las salidas que produce.

Este proceso puede ser una combinación de máquinas, métodos, personas y otros recursos que transforman las entradas (a menudo un material) en las salidas que tienen una o más respuestas observables. Algunas de las variables del proceso digamos x_1, x_2, ...,x_p son controlables, mientras que otras como z_1, z_2, ...,z_p son incontrolables (no controlables).

1.1.1. Consideraciones para un diseño experimental

Cuando se realiza un diseño experimental es necesario tener en cuenta los siguientes objetivos:
1. Determinar cuáles variables tienen mayor influencia en la respuesta o variable dependiente (y).
2. Determinar el mejor valor de las (x) que influyen en (y), de modo que (y) tenga casi siempre un valor cercano al valor nominal deseado.
3. Determinar el mejor valor de las (x) que influyen en (y), de modo que la variabilidad de (y) sea pequeña.

4. Determinar el mejor valor de las (z) que influyen en (y), de modo que se minimicen los efectos de las variables incontrolables z_1, z_2,....,z_p.

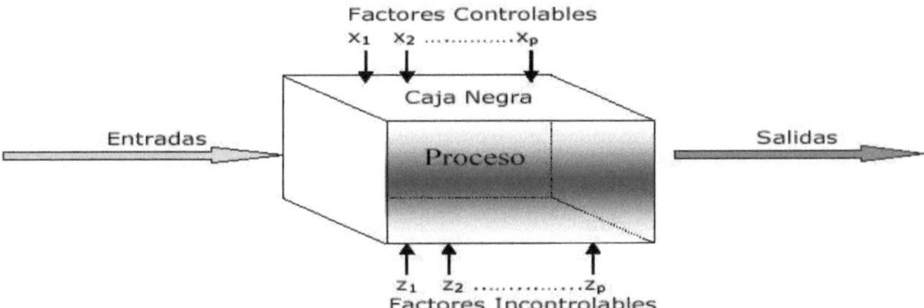

Figura 1. Modelo de un sistema como una caja negra.

Así, independientemente del proceso que se trate, es posible abstraer la información de manera que fácilmente puedan identificarse las componentes y modelar el proceso de acuerdo a la información disponible.

1.1.2. Propósitos de un Diseño Experimental

El propósito de cualquier Diseño Experimental es proporcionar una cantidad máxima de información pertinente al problema que se está investigando. Y ajustar el diseño que sea lo más simple y efectivo; para ahorrar dinero, tiempo, personal y material experimental que se va a utilizar. Es de acotar, que la mayoría de los diseños estadísticos simples, no sólo son fáciles de analizar, sino también son eficientes en el sentido económico y en el estadístico.

De lo anterior, se deduce que el diseño de un experimento es un proceso que explica tanto la metodología estadística como el análisis económico.

1.1.3. Conceptos básicos

Diseño: Consiste en planificar la forma de hacer el experimento, materiales y métodos a usar.

Experimento: Conjunto de pruebas o ensayos cuyo objetivo es obtener información, que permita mejorar el producto o el proceso en estudio.

Tratamiento:

• Es un conjunto particular de condiciones experimentales definidas por el investigador.

• Son el conjunto de circunstancias creadas por el experimento, en respuesta a la hipótesis de investigación y son el centro de esta.

Factor: Es un grupo específico de tratamientos. (Ejemplo, Temperatura, humedad, tipos de suelos, etc.).

Niveles del factor: Son diversas categorías de un factor. Pueden ser Factores Cuantitativos ó Cualitativos.

Réplica: Son las repeticiones que se realizan del experimento básico.

Unidad experimental:

• Es el material experimental unitario que recibe la aplicación de un tratamiento.

• Es la entidad física o el sujeto expuesto al tratamiento independientemente de las otras unidades. La unidad experimental una vez expuesta al tratamiento constituye una sola réplica del tratamiento.

• Es el objeto o espacio al cual se aplica el tratamiento y donde se mide y analiza la variable que se investiga.

• Es el elemento que se está estudiando.

Unidad muestral: Es una fracción de la unidad experimental que se utiliza para medir el efecto de un tratamiento.

Error experimental: Es una medida de variación que existe entre dos o más unidades experimentales, que han recibido la aplicación de un mismo tratamiento de manera idéntica e independiente.

Factores controlables: Son aquellos parámetros o características del producto o proceso, para los cuales se prueban distintas variables o valores con el fin de estudiar cómo influyen sobre los resultados.

Factores incontrolables: Son aquellos parámetros o características del producto o proceso, que es imposible de controlar al momento de desarrollar el experimento.

Variabilidad natural: es la variación entre las unidades experimentales, que el experimentador no puede controlar ni eliminar.

Variable dependiente: es la variable que se desea examinar o estudiar en un experimento. (Variable Respuesta).

Hipótesis:

• Es una suposición o conjetura que se plantea el investigador de una realidad desconocida.

• Es el supuesto que se hace sobre el valor de un parámetro (constante que caracteriza a una población) el cual puede ser validado mediante una prueba estadística.

Algunos ejemplos de tratamientos

Experimentaciones Agrícolas, un tratamiento puede referirse a:

- Marca de Fertilizante.
- Cantidad de Fertilizante.
- Profundidad del Sembrado.
- Variedad de Semilla.
- Combinación de Cantidad de Fertilizante y Profundidad de Sembrado; esto es una combinación de tratamientos.

En una investigación de los efectos de varios Factores en la eficiencia del lavado de ropa en casa, los tratamientos pueden ser varias combinaciones:

- Tipo de Ropa (dura y suave)
- Temperatura del Agua
- Tipo de Detergente
- Duración del tiempo de Lavado
- Tipo de Lavadora
- Duración del Agente Limpiador

1.2. Procedimiento de prueba de hipótesis

Es muy importante que cuando se elijan los tratamientos, éstos deben dar respuesta a una hipótesis de investigación. La hipótesis de investigación establece un conjunto de circunstancias y sus consecuencias. Los tratamientos deben ser una creación de las circunstancias para el experimento. Así, es necesario identificar los tratamientos con el papel que cada uno tiene en la evaluación de la hipótesis de investigación. Por lo tanto, el investigador debe asegurarse que los tratamientos elegidos concuerden con la hipótesis de investigación.

1.2.1. Prueba de Hipótesis

Las pruebas de hipótesis son un enfoque sistemático para evaluar afirmaciones o suposiciones sobre una población. En esencia, implican comparar dos hipótesis: la hipótesis nula (H0) y la hipótesis alternativa (H1). La hipótesis nula es una afirmación que generalmente refleja la «situación estándar» o la falta de un efecto. La hipótesis alternativa, por otro lado, es la afirmación que estamos tratando de probar.

En una prueba de hipótesis, el objetivo es determinar si los datos recopilados de una muestra son suficientemente diferentes de lo que se esperaría bajo la hipótesis nula. Esto implica calcular una estadística de prueba y determinar su probabilidad de ocurrencia bajo la hipótesis nula.

Figura 2. Pasos del procedimiento de prueba de hipótesis.

Dependiendo del resultado se determina si se rechaza la hipótesis o si no existen evidencias estadísticas suficientes para hacerlo.

1.2.2. Hipótesis Nula y Alternativa

- Hipótesis nula:
  - o Una afirmación acerca del valor de un parámetro poblacional
- Hipótesis alternativa:
  - o Una afirmación que se acepta si los datos muestrales proporcionan evidencia suficiente de que la hipótesis nula es falsa.
- Nivel de significancia:
  - o Probabilidad de rechazar la hipótesis nula cuando es verdadera

Las hipótesis nula y alternativa permiten identificar las regiones de rechazo y de no rechazo, así como los valores críticos de la población estudiada, mientras que el estadístico de prueba se basa en el hecho de que la hipótesis nula es cierta. Es un valor que se calcula con base en la información de la muestra. Ese elemento, que sirve para hacer el contraste, permite la decisión de rechazar o no rechazar la hipótesis nula.

Figura 3. Ejemplo de diagrama de una cola

La elección del estadístico adecuado dependerá de las características propias del problema o del estudio que se desea realizar (si la población se distribuye normalmente, si el tamaño de la muestra es lo suficientemente grande para considerarla normal, etc.).

La elección del estadístico también está relacionada con el parámetro poblacional de interés. Es decir, sí el parámetro de interés es la media, el estadístico será uno, pero si se trata de la varianza, será otro.

Cabe señalar, que la región crítica (que se verá más adelante), a su vez está ligada al concepto de valor crítico y nivel de significación. Antes de tratar de definirlos o explicarlos es conveniente revisar el siguiente esquema en donde se observa con claridad cada uno de los elementos señalados.

Dependiendo de la forma como se construyan las hipótesis, las pruebas pueden ser de una o dos colas, definiendo cada tipo las regiones específicas y los límites impuestos por los valores críticos de la población estudiada.

Figura 4. Ejemplo de diagrama de dos colas

1.2.3. Algunos ejemplos de hipótesis e investigaciones

- La hipótesis es: La velocidad del tránsito depende del ancho de los carriles en las calles.
    - Para responder a esta hipótesis, los tratamientos se deben definir seleccionando carriles con diferente anchura y se mide la velocidad de los automóviles en cada uno de ellos.
- La hipótesis es: La reproducción de los microbios del suelo depende de las condiciones de humedad.
    - Para responder a esta hipótesis, se establecen tratamientos con distintos niveles de humedad para medir la reproducción de los microbios.
- La hipótesis es: El método para medir retrasos del tránsito depende del tipo de configuración usada en la señalización.

o   Para responder a esta hipótesis, los tratamientos deben ser en relación a la evaluación de varios métodos para medir los retrasos del tránsito en intersecciones con diferentes tipos de configuraciones en los semáforos.

1.2.4. Un ejemplo concreto:

Una empresa fabrica y ensambla escritorios y otros muebles para oficina. La producción semanal de un tipo de escritorio se distribuye normalmente con media 200 y desviación estándar de 16.

Después de la introducción de nuevos métodos de producción y contratación de más personal se pretende verificar si la forma como se produce sigue siendo normal, o si ha variado la producción semanal. En otras palabras, ¿el número medio de escritorios es distinto de 200? (Utilizar un nivel de significancia de 0.01).

Paso 1: Determinar las hipótesis

    Ho: La media es 200

    H1: La media es diferente de 200

Paso 2: Nivel de significancia, se determinó ser de 0.01. Es la probabilidad de cometer un error tipo I, i.e., la probabilidad de rechazar una hipótesis verdadera.

Paso 3: Como los datos se distribuyen normalmente se selecciona al estadístico z para el cálculo

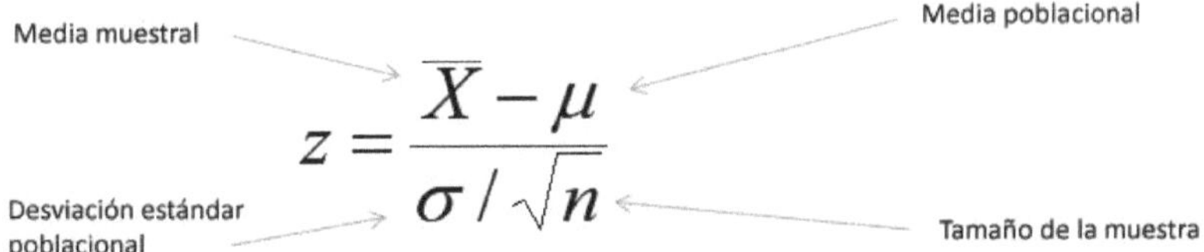

Figura 5. Elementos para el cálculo del estadístico z

Paso 4: La regla de decisión se formula encontrando el valor crítico z en la tabla. Como se trata de una prueba de dos colas, el nivel de significancia se divide entonces en 2, i.e., 0.005

para cada cola. El valor de Z cae entre 2.57 y 2.58, la decisión es propia, pero en este caso tomaremos el de 0.0049 que está relacionado con un valor de z=2.58.

Con esto la región de aceptación se encuentra entre -2.58 y 2.58.

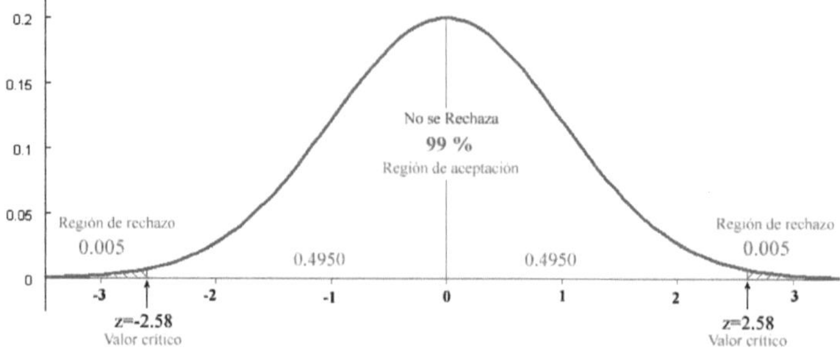

Figura 6. Regiones de aceptación y rechazo del problema ejemplo.

Paso 5: Se toma la muestra de la población (producción semanal); se calcula z y con base en la regla de decisión, se decide si se rechaza o no a Ho.

La media de escritorios producidos en el último año es 203.5. La desviación estándar de la población es de 16. Si calculamos el valor de Z usando la expresión mencionada tenemos:

Dado que 1.55 no cae en la región de rechazo, no se rechaza Ho. De modo que se concluye que la media de la población NO es distinta de 200. La diferencia de 3.5 unidades con respecto de los 200 histórica se puede atribuir a efectos aleatorios.

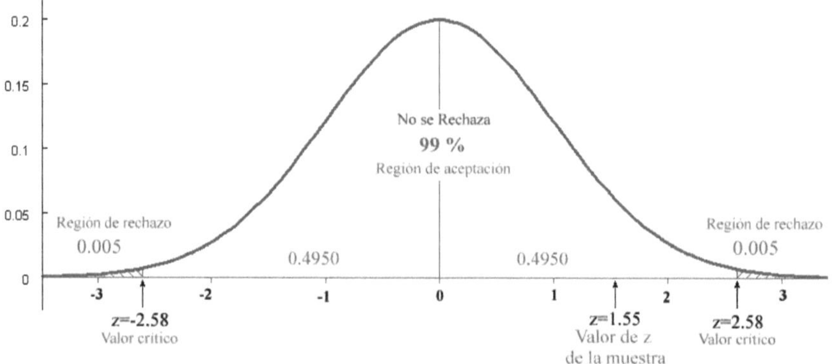

Figura 7. Toma de decisiones del proceso.

Un ejercicio:

Suponga que se ha comprado una máquina de llenado para bolsitas de dulces que contendrán 16 oz. Suponga además que los pesos de las bolsas están distribuidos normalmente. Una muestra aleatoria de diez bolsas de dulces produce los siguientes datos en oz.:

15.87	16.02	15.78	15.83	15.69
16.04	15.81	15.92	16.10	15.81

- Establezca hipótesis nula y alternativa adecuadas
- Establezca un criterio de toma de decisiones
- Calcule el valor estadístico de la prueba

1.3.   Errores

Existen dos tipos de errores que se pueden cometer al llevar a cabo el procedimiento de Prueba de hipótesis.

Toda prueba se realiza sobre la hipótesis nula, así, con base en los resultados arrojados por la prueba, se debe decidir sí se rechaza, o no, la hipótesis nula, lo cual nos genera un par de situaciones en cada caso, es decir, dos opciones para cuando se rechaza y dos para cuando no.

Si suponemos que se desaprueba la hipótesis nula cuando no se debe rechazar, entonces se estaría cometiendo un error que en Estadística se le llama error tipo I. En el caso de que no se rechaza esa hipótesis, pero debía de rechazarse se estaría cometiendo un error que llamaríamos error tipo II.

Por el contrario, cuando se rechaza la hipótesis y ésta debía ser rechazada, se dice que se ha decidido correctamente y lo mismo ocurre en el caso cuando no se rechaza la hipótesis y efectivamente no debía ser rechazada.

Esto se puede resumir de la siguiente manera en un arreglo llamado tabla de contingencia:

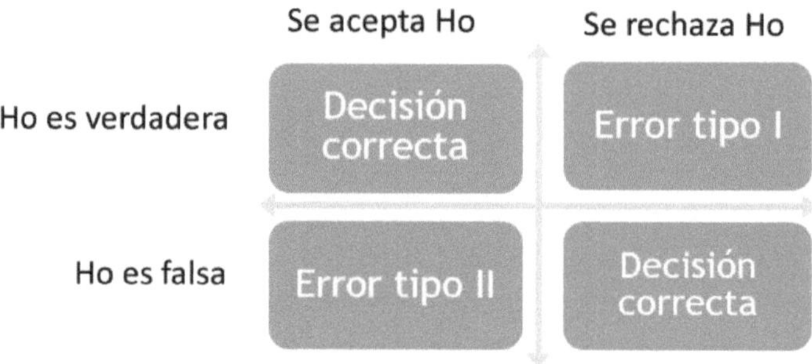

Figura 7. Tabla de contingencia.

1.3.1. Tipos de errores experimentales

Todos los experimentos están sujetos a posibles errores; los cuales se pueden disminuir pero no controlar totalmente y pueden ser de los siguientes tipos:

    a) Errores de experimentación.

    b) Errores de observación.

    c) Errores de medición.

    d) Variación natural en las unidades experimentales.

    e) La interacción de los tratamientos con las unidades experimentales.

    f) Factores extraños que pueden influir en las características de la investigación.

Ningún experimento estará libre de errores, pero existen distintas estrategias que pueden ser utilizadas para la disminución de los efectos de estos errores, algunas de ellas son: la replicación, la aleatorización y el control local.

1.3.2. Replicación

Tiene dos propiedades muy importantes, estimar el error experimental y calcular el efecto medio de cualquier factor en el experimento.

Lo que significa que la varianza de la media de la muestra se define como

El número de réplicas afecta la precisión de las estimaciones de las medias de tratamientos y la potencia de las pruebas estadísticas para detectar las diferencias entre las medias de los grupos en los tratamientos.

1.3.3. Aleatorización

Garantiza el uso de los métodos estadísticos de Diseños de Experimentos, y consiste en el método por el cual las unidades experimentales reciben las aplicaciones de los tratamientos en forma aleatoria.

Al realizar la aleatorización adecuadamente en el experimento, se ayuda a "cancelar" los efectos de factores extraños que pudieran estar presentes.

Simula el efecto de independencia y permite proceder como si las observaciones fueran independientes y con distribución normal.

1.3.4. Control Local

Consiste en el uso de técnicas de bloqueo, balanceo y agrupamiento de las unidades experimentales para asegurar que el diseño usado sea eficiente; ya que los objetivos de la mayoría de los experimentos son las comparaciones claras y exactas entre los tratamientos a través de un conjunto apropiado de condiciones.

El bloqueo proporciona control local del ambiente para reducir la variabilidad natural. El balanceo es el bloqueo y la asignación de los tratamientos a las unidades experimentales de modo que resulte una configuración balanceada.

Agrupamiento es la colocación de un conjunto de unidades experimentales homogéneas en grupos, de modo que los diferentes grupos puedan sujetarse a distintos tratamientos.

1.4.   Ejemplo de un Diseño Experimental

Se llevó a cabo un experimento para determinar la eficacia de 6 fertilizantes de nitrógeno para una cierta variedad de maíz. Se contaba con 24 parcelas experimentales.

Considerando que puede existir mucha variabilidad entre las parcelas experimentales, se decidió usar un diseño de experimento que pudiera tener la capacidad de controlar esta variabilidad. Cada uno de los seis fertilizantes fue aplicado a cuatro parcelas experimentales, siguiendo el método de aleatorización del diseño utilizado y cada parcela experimental tenía cinco surcos de plantas de maíz. Luego se obtuvo la cosecha de plantas, de cada una de las parcelas se tomaron solamente tres surcos y fueron los centrales.

 Las plantas cosechadas se llevaron al laboratorio para determinar el rendimiento por medio del peso de las semillas, haciendo esto separadamente para cada una de las parcelas.

En general, un experimento de este tipo puede tener simultáneamente otras variables respuestas como, por ejemplo: altura de plantas, grosor de las plantas, determinación del contenido de humedad de los granos, etc. Pero en el análisis del experimento el rendimiento es la variable de interés para el investigador.

A pesar de haber tomado todas las precauciones necesarias en la conducción del experimento, se podrá decir que siempre existirá el Error Experimental en cualquier experimento, no importa que tan bien sea planteado y conducido el experimento. Basta con observar y comparar los valores del rendimiento para dos ó más parcelas que han recibido la aplicación de un mismo fertilizante. Estos valores no serán iguales y por lo tanto el error experimental no es nulo y existe.

1.4.1.   Directrices para el Diseño de Experimentos

- Reconocimiento y Planeamiento del problema.
- Elección de Factores y Niveles.
- Selección de la Variable Respuesta.
- Elección del Diseño Experimental.

- Ejecución del Experimento.
- Análisis de los Datos.
- Conclusiones y Recomendaciones.

1.4.2. Análisis de Varianza

Si se quiere comparar a tratamientos o niveles de un factor único, la respuesta que se obtiene en cada uno de los tratamientos es una variable aleatoria. En general habrá n observaciones del tratamiento i.

Es útil describir las observaciones mediante el modelo estadístico lineal

$$y_{ij} = \mu + \tau_i + \varepsilon_{ij} \begin{cases} i = 1,2,\cdots,a \\ j = 1,2,\cdots,n \end{cases}$$

1.4.3. Experimento unifactorial

Para un experimento unifactorial los datos se acomodarían según la tabla

Tratamiento (nivel)	Observaciones				Totales	Promedios
1	y_{11}	y_{12}	$\cdots$	y_{1n}	$y_{1.}$	$\overline{y}_{1.}$
2	y_{21}	y_{22}	$\cdots$	y_{2n}	$y_{2.}$	$\overline{y}_{2.}$
$\vdots$	$\vdots$	$\vdots$	$\cdots$	$\vdots$	$\vdots$	$\vdots$
a	y_{a1}	y_{a2}	$\cdots$	y_{an}	$y_{a.}$	$\overline{y}_{a.}$
					$y_{..}$	$\overline{y}_{..}$

Es de interés del estudio el encontrar los valores de los parámetros μ, τ_i, σ^2.

1.4.4. Modelo de efectos fijos

En este modelo los efectos del tratamiento se definen como variaciones respecto a la media:

$$\sum_{i=1}^{a} \tau_i = 0$$

Y las observaciones según la tabla se manejan según las expresiones

$$y_{i.} = \sum_{i=1}^{n} y_{ij} \qquad \overline{y}_{i.} = {y_{i.}}/{n} \quad i = 1,2,\cdots,a$$

$$y_{..} = \sum_{i=1}^{a}\sum_{j=1}^{n} y_{ij} \qquad \overline{y}_{..} = {y_{..}}/{N}$$

Tomando en cuenta la hipótesis de no variabilidad:

$$H_0: \mu_1 = \mu_2 = \cdots = \mu_a$$
$$H_1: \mu_1 \neq \mu_2 \neq \cdots \neq \mu_a \qquad Para\ al\ menos\ un\ par\ ij$$

Para entonces determinar si se cumple o si se debe rechazar la hipótesis nula es necesario hacer el estudio de análisis de variación entre las observaciones y factores que intervienen en el experimento.

1.4.5. Tabla ANOVA

Esto se consigue mediante la construcción de una Tabla ANOVA (ANalysis Of VAriance) en la que es necesario obtener la siguiente información a partir de las observaciones.

Tabla ANOVA

Fuente de Variación	Suma de Cuadrados	Grados de libertad	Media de Cuadrados	F_0
Entre Tratamientos	$SS_{Tratamientos}$	a-1	$MS_{Tratamientos}$	F_0
Error	SS_E	N-a	MS_E	
Total	SS_T	N-1		

1.4.5.1. Fórmulas

Para el llenado de la tabla ANOVA los cálculos se realizan con los datos obtenidos de los diseños experimentales y se tratan con las fórmulas algebraicas siguientes:

$$SS_{Tratamientos} = \sum_{i=1}^{a} \frac{y_{i.}^2}{n} - \frac{y_{..}^2}{n}$$

$$SS_E = SS_T - SS_{Tratamientos}$$

$$SS_T = \sum_{i=1}^{a} \sum_{j=1}^{n} y_{ij}^2 - \frac{y_{..}^2}{N}$$

$$MS_{Tratamientos} = \frac{SS_{Tratamientos}}{a - 1}$$

$$MS_E = \frac{SS_E}{N - a}$$

$$F_0 = \frac{MS_{Tratamientos}}{MS_E}$$

En donde F_0 será el valor crítico con el cual se tomará la decisión en un procedimiento de prueba de hipótesis.

1.4.6. Ejemplo ANOVA 1F

Una ingeniera de desarrollo de productos está interesada en la investigación de la resistencia a la tracción de una nueva fibra sintética que se utiliza para hacer telas para camisas de hombre. Ella sabe de su experiencia previa que la fuerza se ve afectada por el porcentaje en peso de algodón usado en la mezcla de materiales para la fibra. Además, se sospecha que el aumento del contenido de algodón aumentará la fuerza, al menos inicialmente. También sabe que el algodón contenido debe oscilar entre aproximadamente 10 y 40 por ciento para que el producto final tenga otras características de calidad deseadas.

La ingeniera decide poner a prueba las muestras a cinco niveles de peso de algodón por ciento: 15, 20, 25, 30, y 35 por ciento. También decide poner a prueba cinco especímenes en cada nivel de contenido de algodón. Los datos que obtiene son:

Peso % de algodón	Resistencia a la tensión observada (lb/plg2)				
	1	2	3	4	5
15	7	7	15	11	9
20	12	17	12	18	18
25	14	18	18	19	19
30	19	25	22	19	23
35	7	10	11	15	11

La tabla ANOVA que generan los datos es:

F.Variación	SS	g.l.	MS	Fo
Trat	475.76	4	118.94	14.757
Error	161.2	20	8.06	
Totales	636.96	24		

Y usando las tablas de Fisher como criterio de decisión, el valor de F en tablas es de 2.866, de manera que como

$$F_0 = 14.757 > 2.866 = F_{tablas}$$

lo correcto es rechazar la hipótesis de igualdad de medias, que se interpreta en el caso de este ejemplo como el hecho de que el porcentaje de algodón si afecta a la resistencia a la tracción de la fibra sintética que se utiliza para hacer camisas de hombre.

1.4.7. Prueba de Tukey

Se utiliza para probar todas las diferencias entre las medias de tratamientos de un experimento.

Lo único que se requiere es que el número de réplicas sea constante en todos los tratamientos Este método sirve para comparar las medias de los tratamientos de dos en dos, y así evaluar las hipotesis

Ho: *m1=m2=m3=...=mn*

H1: *mi ≠ mj* para cualquier par *i,j*

Procedimiento

1. Se calcula el valor crítico de todas las comparaciones por pares
2. Se obtiene el error estándar de cada promedio
3. Obtener el *W*
4. Calcular las diferencias de medias y realizar comparaciones con el valor crítico
5. Hacer las conclusiones

Ejemplo

La tabla ANOVA siguiente corresponde a un experimento realizado sobre un plantío de arroz, en el que se evaluaron

Fuente de variabilidad	g.l.	SS	MS	F	Valor critico de F
Insecticidas	8	46.04	5.76	4.26*	2.31
Error Exp	27	36.43	1.35		
Totales	35	82.48			

9 insecticidas para el control de larvas de una determinada plaga. La variable de respuesta fue el número de larvas vivas.

Datos a prueba

Insecticida	Media
1	1.87
2	2.02
3	2.55
4	2.42
5	3.91
6	4.12
7	0.25
8	1.39
9	2.82

Como se encuentran diferencias significativas en el efecto de los insecticidas, se aplicará la prueba de Tukey de comparación múltiple de medias.

Matriz de diferencias

Insecticida	**Media**	**6** **4.12**	**5** **3.91**	**9** **2.82**	**3** **2.55**	**4** **2.42**	**2** **2.02**	**1** **1.87**	**8** **1.39**	**7** **0.25**
7	**0.25**	3.87	3.66	2.57	2.3	2.17	1.77	1.62	1.14	0
8	**1.39**	2.73	2.52	1.43	1.16	1.03	0.63	0.48	0	
1	**1.87**	2.25	2.04	0.95	0.68	0.55	0.15	0		
2	**2.02**	2.1	1.89	0.8	0.53	0.4	0			
4	**2.42**	1.7	1.49	0.4	0.13	0				
3	**2.55**	1.57	1.36	0.27	0					
9	**2.82**	1.3	1.09	0						
5	**3.91**	0.21	0							
6	**4.12**	0								

Se construye la matriz de diferencias entre todos los posibles pares de medias (excel)

Cada una de las diferencias (*dii*) se obtienen de la ecuación: *dii*=abs(*Yi-Yj*) con *i ≠ j*

Cálculos

Se calcula *W*, la diferencia mínima significativa a un nivel dado de significancia(alpha) de la forma siguiente:

$$W=q\square t,GLee,a\square*\square\square\square\ CMee\square r\square\square$$

En donde:

 q - amplitud total estudentizada (tablas)

 α - nivel de significancia

 t - número de tratamientos

 GLee - grados de libertad del error experimental

 CMee - cuadrados medios del error experimental

 r - número de repeticiones de las medias de los tratamientos a comparar

Conclusiones

Matriz de diferencias

Insecticida	Media	6	5	9	3	4	2	1	8	7
	Media	4.12	3.91	2.82	2.55	2.42	2.02	1.87	1.39	0.25
7	0.25	3.87	3.66	2.57	2.3	2.17	1.77	1.62	1.14	0
8	1.39	2.73	2.52	1.43	1.16	1.03	0.63	0.48	0	
1	1.87	2.25	2.04	0.95	0.68	0.55	0.15	0		
2	2.02	2.1	1.89	0.8	0.53	0.4	0			
4	2.42	1.7	1.49	0.4	0.13	0				
3	2.55	1.57	1.36	0.27	0					
9	2.82	1.3	1.09	0						
5	3.91	0.21	0							
6	4.12	0								

Se calcula

$$W = 4.76 * \sqrt{1.35/4} = 2.76$$

Se identifica a los tratamientos con diferencias significativas (*Trat>W*)

Y se concluye que el mejor tratamiento (Trat 7) porque produce mejores resultados sobre el control de larvas

1.4.8. Un ejemplo de ANOVA de dos factores

Un ingeniero de producción tiene la idea que existe una relación entre el tipo de punta utilizada para cierta operación sobre metales y el tipo de metal trabajado.

Para verificar su idea pone a prueba 4 tipos de puntas de sus herramientas sobre 4 probetas de metales diferentes.

Los datos obtenidos:

	Ejemplar de prueba			
Tipo de Punta	1	2	3	4
1	9.3	9.4	9.6	10
2	9.4	9.3	9.8	9.9
3	9.2	9.4	9.5	9.7
4	9.7	9.6	10	10.2

Cuando se prueban dos factores simultáneamente se evalúa tanto por renglones como por columnas dando como resultado dos conclusiones, una sobre el factor principal de los renglones y otra sobre el factor principal de las columnas.

Así la tabla ANOVA generará dos valores de F_0 que deberán contrastarse con los valores de las tablas de Fisher para los parámetros del experimento y del conjunto de datos: nivel de significancia y grados de libertad de cada uno de los tratamientos a prueba.

La tabla ANOVA que generan los datos del ejemplo es:

F. Var	SS	g.l.	MS	Fo
TrReng	0.385	3	0.128	14.44
TrCol	0.825	3	0.275	30.94
Error	0.08	9	0.009	
Totales	1.29	15		

Y como los grados de libertad de los tratamientos tanto en renglones como en columnas es 3, el valor de F en tablas es 3.863, así de la tabla se observa que la hipótesis de igualdad de medias debe ser rechazada tanto en renglones como en columnas.

La conclusión en términos del experimento es que el tipo de puntas utilizadas no afecta a la operación ni tampoco el tipo de metal utilizado.

1.4.9. Cuadrados Latinos

Uno de los diseños en bloques aleatorios incompletos más utilizados con tres factores bajo control es el de los cuadrados latinos, este modelo requiere que los tres factores tengan el mismo número de niveles.

Para ver como se toman decisiones con este modelo veamos el ejemplo siguiente.

Un experimentador está estudiando los efectos de cinco diferentes formulaciones de un propulsor de cohetes utilizados en los sistemas de evacuación de la tripulación aérea de la observada velocidad de combustión.

Cada formulación se mezcla de un lote de materia prima que es sólo suficientemente grande para obtener cinco formulaciones a ensayar.

Además, las formulaciones se preparan por varios operadores, y puede haber diferencias sustanciales en las habilidades y experiencia de los operadores.

Por lo tanto, parecería que hay dos factores de molestia para ser "promedio" en el diseño: los lotes de materia prima y los operadores.

El diseño apropiado para este problema consiste en probar cada formulación exactamente una vez en cada lote de prima el material y para cada formulación a prepararse exactamente una vez por cada uno de cinco operadores.

Lote Materia Prima	Operadores				
	1	2	3	4	5
1	A = 24	B = 20	C = 19	D =24	E = 24
2	B = 17	C = 24	D = 30	E = 27	A = 36
3	C = 18	D = 38	E = 26	A = 27	B = 21
4	D = 26	E = 31	A = 26	B = 23	C = 22
5	E = 22	A = 30	B = 20	C = 29	D = 31

Y probando para renglones, columnas y letras, la tabla ANOVA generada es:

F.Var	SS	g.l.	MS	Fo
Rengl	68	4	17	1.5938
Col	150	4	37.5	3.5156
Letras	330	4	82.5	7.7344
Error	128	12	10.6667	
Totales	676	24		

Como se trata de un diseño cuadrado, los grados de libertad para cada uno de los tratamientos es el mismo: 2, así el valor F en tablas es 3.259, lo que lleva a las siguientes conclusiones:

Sobre renglones – No existe evidencia estadística para rechazar la hipótesis nula de igualdad de medias.

Sobre columnas – Se rechaza la hipótesis nula de igualdad de medias.

Sobre latinos – Se rechaza la hipótesis nula de igualdad de medias.

1.5. Factorial 2^2

El más importante de los casos especiales de los diseños factoriales es el que tiene k factores cada uno a dos niveles. Estos niveles pueden ser cuantitativos, valores de temperatura o presión, o pueden ser cualitativos, tales como 2 máquinas o dos operadores, o tal vez pueda ser la presencia o ausencia de un factor. Una réplica completa de tal diseño requiere $2 \times 2 \times 2 \times \cdots 2 = 2^k$ observaciones y se conoce como un diseño factorial 2^k.

Un caso particular es aquel en el que solo se evalúan dos factores, el caso 2^2. Como cada factor en el experimento tiene 2 niveles los llamaremos nivel bajo (-) y nivel alto (+). El diseño más pequeño en este tipo de experimento es el que tiene $k = 2$ factores. Es importante realizar réplicas de cada tratamiento o combinación en el experimento ya que esto me permite comparar entre valores (datos obtenidos en los diferentes niveles de un factor fijando los demás factores) y dentro de valores (datos obtenidos de una misma combinación), para entender mejor lo antes establecido vea el ejemplo en l siguiente figura:

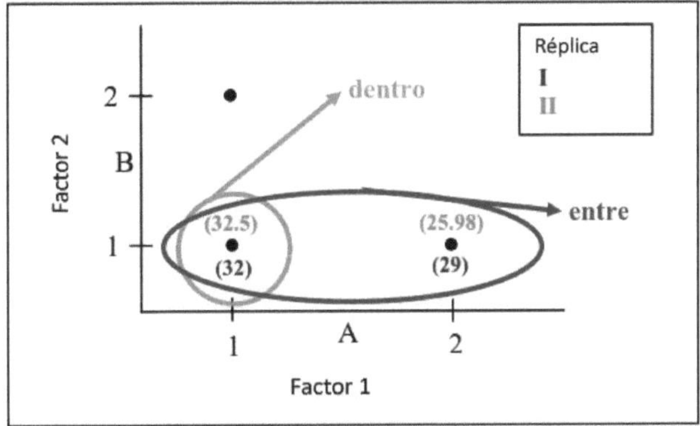

Figura 8. Factorial 2^2 con dos réplicas.

El número de corridas a realizarse en el experimento es $2^2 \times n$ réplicas. Además, también es importante que el orden en que se realizan las corridas sea aleatorio, es por esto que el experimento es un experimento completamente aleatorio. Muchas veces resulta conveniente escribir la data en orden descendente de las combinaciones de los tratamientos. Esta forma de tabular se le conoce como el orden estándar y es como sigue:

A	B	Combinación de Tratamientos	Nomenclatura de Tratamientos
-	-	A low, B low	$a^0b^0 = (1)$
+	-	A high, B low	$a^1b^0 = a$
-	+	A low, B high	$a^0b^1 = b$
+	+	A high, B high	$a^1b^1 = ab$

Cuando el factor está en su nivel bajo su exponente es 0 y cuando el factor está en su nivel alto su exponente es 1. Gráficamente esta nomenclatura es representada de la siguiente manera:

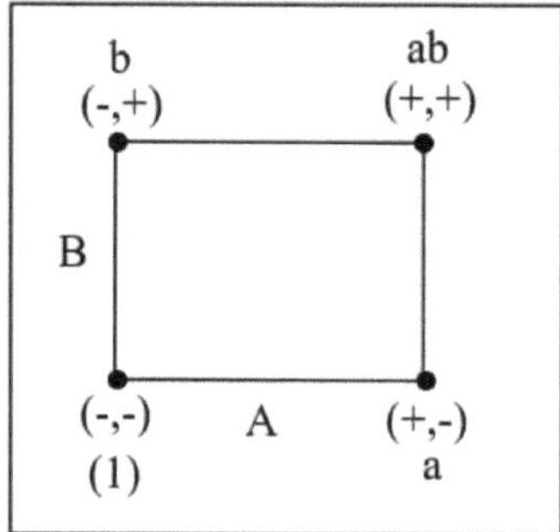

En un diseño factorial 2^k es fácil expresar los resultados del experimento en términos de un modelo de regresión. Aunque para este tipo de experimentos se pueden usar modelos de efectos como de promedios, el modelo de regresión es mucho más natural e intuitivo. La ecuación para un modelo de regresión sería:

$$y = \beta_0 + \beta_1 x_1 + \beta_2 x_2 + \varepsilon$$

Considerar una investigación sobre el efecto de la concentración del reactivo y la cantidad del catalizador en la conversión (Rendimiento) en un proceso químico.

Dejamos que la concentración del reactivo sea el factor A, y que los dos los niveles de interés sean el 15 y el 25 por ciento. El catalizador es el factor B, con el alto nivel que denota el uso de 2 libras de catalizador y el bajo nivel que denota el uso de sólo 1 libra.

El experimento se repitió tres veces, y los datos son los siguientes:

				Réplica			
A	B	Combinación		I	II	III	Total
-	-	A bajo,	B bajo	28	25	27	80
+	-	A alto	B bajo	36	32	32	100
-	+	A bajo,	B alto	18	19	23	60
+	+	A alto	B alto	19	30	29	78

El análisis de los resultados se lleva a cabo con una tabla ANOVA, que con los datos anteriores nos lleva a

F.Var	SS	g.l.	MS	Fo
A	120.33	1	120.33	9.3161
B	147	1	147	11.381
AB	0.3333	1	0.3333	0.0258
Error	103.33	8	12.917	
Totales	371	11		

Los valores de F en tablas son 5.317 para cada uno de los factores, lo que lleva a las siguientes conclusiones:

- Para el factor A – se rechaza la hipótesis nula de igualdad de medias.
- Para el factor B – se rechaza la hipótesis nula de igualdad de medias.
- Y para los efectos cruzados AB – no existe evidencia estadística sobre los efectos cruzados.

1.6. Pruebas de normalidad

Son métodos matemáticos dedicados a comparar la forma como se distribuye un conjunto de datos contra un conjunto distribuido normalmente

Minitab ofrece tres pruebas de normalidad:

- Anderson-Darling
- Kolmogorov-Smirnov
- Shapiro-Wilks

1.6.1. Anderson-Darling

Además, existen otros métodos de comparación contra distribuciones distintas a la normal Anderson-Darling. Esta prueba es aplicada para evaluar el ajuste a cualquier distribución de probabilidades. Se basa en la comparación de la distribución de probabilidades acumulada empírica (resultado de los datos) con la distribución de probabilidades acumulada teórica (definida por H0).

Hipótesis:

Ho: La variable sigue una distribución Normal $(\mu - \sigma^2)$

H1 : La variable no sigue una distribución Normal $(\mu - \sigma^2)$

Estadístico de Prueba

$$AD = -n - S$$

$$S = \frac{1}{n} \sum_{i=1}^{n} (2i - 1) \left[lnF(Y_i) + \ln\left(1 - F(Y_{n+1-i})\right) \right]$$

Donde *n* es el número de observaciones, *F(Y)* es la distribución de probabilidades acumulada normal con media y varianza especificadas a partir de la muestra y *Yi* son los datos obtenidos en la muestra, ordenados de menor a mayor.

Regla de Decisión: La hipótesis nula se rechaza con un nivel de significancia α si AD es mayor que el valor critico AD.

Resultados de la prueba

Aunque la prueba de Anderson – Darling puede ser aplicada a cualquier distribución, no se dispone de tablas para todos los casos.

A continuación, se presenta una tabla para la prueba a la distribución normal.

α	0.1	0.05	0.025	0.01
AD	0.631	0.752	0.873	1.035

En general lo que buscamos es un valor pequeño para AD

1.6.2. Kolmogorov-Smirnov

Tal vez el método más recomendable para el caso en que *F(x)* es una distribución continua es el método para una muestra de Kolmogorov-Smirnov o (*K-S*).

Consiste en una prueba de hipótesis en el que la hipótesis nula afirma que los datos sí se ajustan a la distribución F(x) y la hipótesis alterna establece que no se ajustan.

El estadístico de prueba está dado por

$$D_c = \text{Max}\{|H_{i-1} - F_i|, |H_i - F_i|\}$$

este valor se compara con el valor crítico que se encuentra en una tabla. Se rechaza la hipótesis nula si Dc es mayor que el valor de tabla para el nivel de confianza y el tamaño de muestra que se estén considerando.

1.6.3. Contraste de Shapiro-Wilks

Este contraste mide el ajuste de la muestra al dibujarla en papel probabilístico normal a una recta. Se rechaza la normalidad cuando el ajuste es malo, que corresponde a valores pequeños del estadístico.

El estadístico es:

$$W = \frac{1}{ns^2}\left[\sum_{i=1}^{h} a_{j,n}\left(x_{n-j+1} - x_j\right)\right]^2$$

Contraste

En donde

$$ns^2 = \sum_{i=1}^{n} (x_i - \bar{X})^2$$

Y

$$h = \begin{cases} \frac{n}{2} & \text{Si n es par} \\ \frac{n-1}{2} & \text{Si es impar} \end{cases}$$

2. Bases del Método de Regresión Lineal

La regresión lineal es un modelo matemático que describe la relación entre varias variables. Los modelos de regresión lineal son un procedimiento estadístico que ayuda a predecir el futuro. Se utiliza en los campos científicos y en los negocios, y en las últimas décadas se ha utilizado en el aprendizaje automático.

La tarea de la regresión en el aprendizaje automático consiste en predecir un parámetro (Y) a partir de un parámetro conocido X.

2.1. Definición

En una regresión lineal, se trata de establecer una relación entre una variable independiente y su correspondiente variable dependiente. Esta relación se expresa como una línea recta. No es posible trazar una línea recta que pase por todos los puntos de un gráfico si estos se encuentran ordenados de manera caótica. Por lo tanto, sólo se determina la ubicación óptima de esta línea mediante una regresión lineal. Algunos puntos seguirán distanciados de la recta, pero esta distancia debe ser mínima. El cálculo de la distancia mínima de la recta a cada punto se denomina función de pérdida.

La ecuación de una línea recta tiene la siguiente forma:

$$y = \beta_0 + \beta_1 x + \varepsilon$$

donde:

y es la variable independiente, β_0 y β_1 son dos constantes desconocidas que representan el punto de intersección y la pendiente respectivamente y ε (epsilon) es la función de pérdida.

El MBRL (Método Básico de Regresión Lineal) es un método estadístico que permite cuantificar una relación de dependencia entre variables cuantitativas.

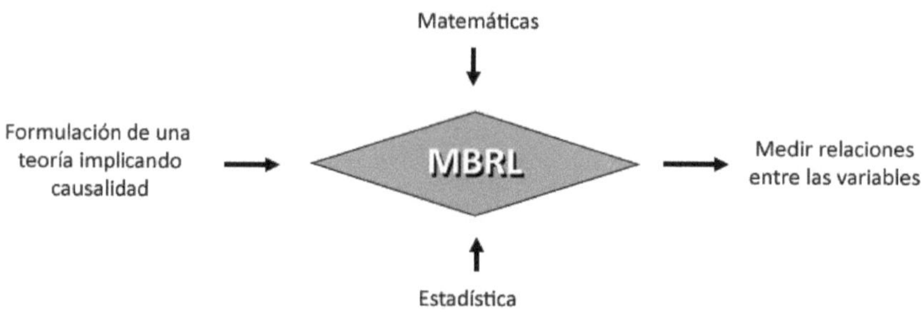

Figura 9. Método básico de regresión lineal

Variable Endógena (explicada) → y

V. Dependiene, V. de respuesta, Regresando, V. causada

Variable/s Exógena/s (explicativas) → x

V. Independiente, V de control, Regresor, V. causante

Los MBRL pueden ser

Simples: Una sola variable exógena

Múltiples: Más de una variable exógena

(1) Excepcionalmente, entre las variables explicativas puede haber alguna cualitativa

2.2. El Tiempo y el espacio en los MBRL

Datos de corte transversal

Distintas observaciones consideradas en el mismo momento del tiempo

Ejemplo: (1) número de viviendas construidas en cada CC.AA. durante el año 2007. (2) Presión sanguínea de un grupo de 20 pacientes.

Datos de series temporales

EObservaciones de una misma variable recogidas en diferentes periodos de tiempo.

Ejemplo: (1) número de viviendas construidas en Madrid a lo largo de los últimos 20 años. (2) Presión sanguínea de un paciente en las últimas 24 horas.

Datos de Panel

Observaciones de cada uno de los individuos a través del tiempo

Ejemplo: (1) evolución del número de viviendas construidas en cada CC.AA. en los últimos 20 años, (2) Presión sanguínea de 20 pacientes con mediciones cada 10 minutos en las últimas 24 horas.

2.3. Fases del Método de Regresión Lineal

- Especificación del Modelo:
    - Apoyado en una teoría, se plantea que una variable es explicada por otras u otras
    - Se determina la forma de cuantificar cada una de estas variables (explicada y explicativas)
    - Se recopila información estadística sobre ellas
    - Se plantea la relación matemática que conecta variable explicada y explicativas

- Estimación del modelo:
    - Se determina el valor de los parámetros que conectan cada una de las variables explicativas con la explicada

- Contraste y validación del modelo:
    - A partir de análisis de significatividad estadística y del ajuste entre los resultados reales y los obtenidos con el modelo (errores) se determina la validez del modelo

- Utilización del modelo:
    - Predicción y simulación del posible comportamiento de la variable explicada ante cambios en la variable explicativa
    - Análisis estructural: determinación de la importancia relativa de cada variable explicativa para determinar a la explicada
    - Contraste de teorías: ¿la especificación realizada se confirma con los datos?

Ejemplo

Teoría: "la probabilidad de que cambie el partido del presidente de los EE.UU. viene explicada por si durante el mandato ha habido crecimiento/decrecimiento económico". La forma en la que se relacionan estas variables explicativas con la explicada es una función logística (linealizable). Las variables a emplear, tomadas desde 1900 hasta 2004, son las siguientes:

Período	Presidente	Partido	Cambia partido	Años crisis
1900	William McKinley	Republicano	0	1
1904	Theodore Roosevelt	Republicano	0	2
.....	.....	.....	.....	.....
.....	.....	.....	.....	.....
1984	Ronald Reagan	Republicano	0	2
1988	George H. Bush	Republicano	0	3
1992	William J. Clinton	Demócrata	1	3
1996	William J. Clinton	Demócrata	0	2
2000	George W. Bush	Republicano	1	1
2004	George W. Bush	Republicano	0	2

Explicada: toma valor uno si hay cambio de partido en el gobierno y cero si no lo hay.

Variable crecimiento: número de años de decrecimiento económico durante cada mandato presidencial

2.4. Aproximación intuitiva

Si un conjunto de datos formado por un par de variables se presenta en una gráfica de dispersión, puede visualizarse un comportamiento entre ellas preferentemente de forma que se pueda expresar esa relación de manera algebraica.

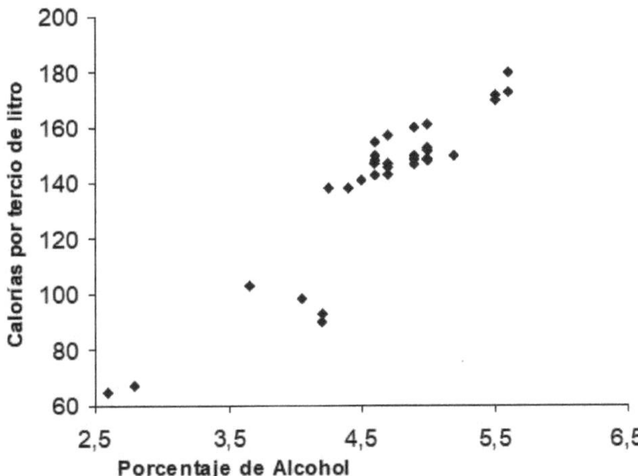

Figura 10. Valores de calorías contra porcentaje de alcohol de un conjunto de cervezas de diferentes marcas.

En la figura 10 se observan los datos arrojados al presentar en una gráfica de dispersión los valores del porcentaje de alcohol contra las calorías por unidad de volumen de un conjunto de diferentes cervezas comerciales. Entre las cosas que se pueden observar de esa gráfica es que aparentemente existe una relación lineal entre el valor del porcentaje de alcohol y el valor del número de calorías por unidad de volumen.

El método de regresión lineal puede utilizarse para determinar la expresión algebraica de la recta que muestre esa relación, así como la determinación de otros parámetros con los cuales evaluar la "calidad" de dicha relación.

En la figura 11 se incluye la recta de ajuste así como la expresión algebraica de esa misma recta.

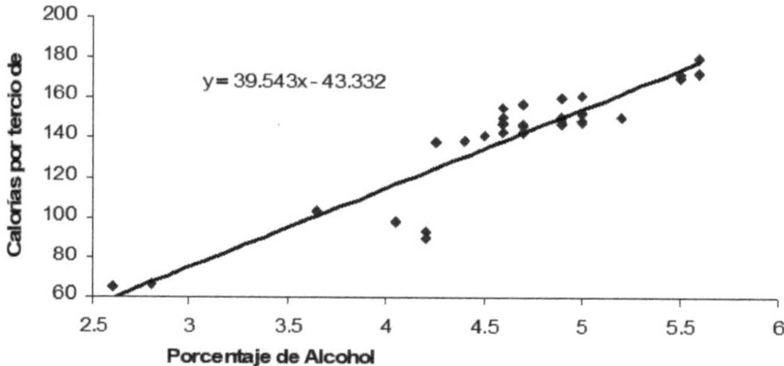

Figura 11. Recta de ajuste para la cantidad de calorías vs. porcentaje de alcohol.

2.5. Hipótesis Básicas del Modelo

- Muestra suficiente
- Regresores deterministas
- No multicolinealidad
- Exogeneidad
- Permanencia Estructural
- Media nula de las pertubaciones aleatorias
- Homocedasticidad
- No autocorrelación
- Distribución normal de las perturbaciones aleatorias

2.6. Estimación de los parámetros

Mínimos Cuadrados Ordinarios

Aquellos que minimizan la suma de los residuos al cuadrado.

El error cometido en la estimación (residuo) es el estimador de la perturbación, y por tanto el objetivo a minimizar.

$$y_i = \beta_0 + \beta_1 x_i + u_i$$

$$\hat{y}_i = \hat{\beta}_0 + \hat{\beta}_1 x_i$$

$$y_i = \hat{y}_i + \hat{u}_i$$

$$residuo_i \rightleftarrows = \hat{u}_i = e_i = y_i - \hat{y}_i$$

2.6.1. Máxima Verosimilitud

Hacen máxima la función de verosimilitud (función de densidad conjunta de la información muestral). Se requieren conocer la distribución de probabilidad del modelo

Deducción de los estimadores MCO

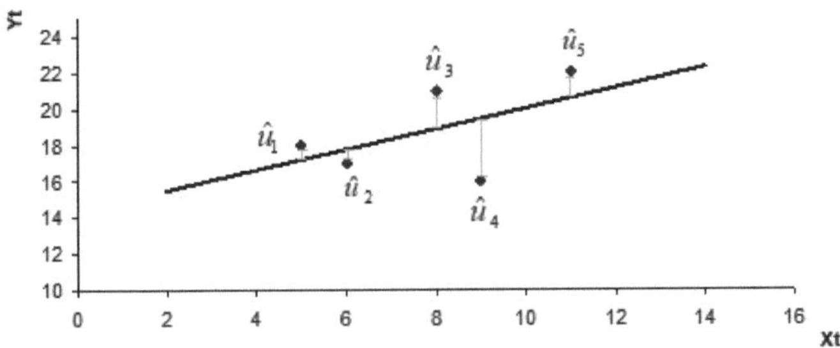

Figura 12. Deducción de los estimadores en el método de mínimos cuadrados ordinarios.

Se busca reducir el valor de las diferencias entre datos y modelo para encontrar las variables regresoras que mejor representen la relación entre las variables de los datos.

$$S.R. = \sum_{i=1}^{n} \hat{u}_t^2 = \sum_{i=1}^{n} \left[y_i - \hat{\beta}_0 - \hat{\beta}_1 x \right]^2$$

2.6.2. Cálculo de los parámetros

A partir de la suposición de máxima verosimilitud, el método de mínimos cuadrados ordinario nos permite calcular, a partir de los datos, los valores de los parámetros de mejor ajuste al modelo lineal deseado.

Fórmulas para las estimaciones de mínimos cuadrados:

Pendiente: $\hat{\beta}_1 = \dfrac{SS_{xy}}{SS_{xx}}$

Intersección: $\hat{\beta}_0 = \bar{y} - \hat{\beta}_1 \bar{x}$

En donde

$$SS_{xy} = \sum_{i=1}^{n}(x_i - \bar{x})(y_i - \bar{y})$$

y

$$SS_{xx} = \sum_{i=1}^{n}(x_i - \bar{x})^2$$

2.6.3. Coeficiente de Determinación

Se utiliza para medir la reducción en la variabilidad total de Yi debido a la inclusión de las variables regresoras x1, x2, …xi.

$$R^2 = \frac{Varianza\ explicada}{Varianza\ total} = 1 - \frac{Varianza\ no\ explicada}{Varianza\ total}$$

$$R^2 = \frac{\sum_{i=1}^{n}(\hat{y}_i - \bar{y})^2}{\sum_{i=1}^{n}(y_i - \hat{y}_i)^2}$$

Un valor grande de R^2 no necesariamente implica que el modelo es bueno.

2.7. MBRL: Múltiple

Planteamiento

La regresión lineal múltiple encuentra la relación entre dos o más variables independientes y su correspondiente variable dependiente.

La ecuación de regresión lineal múltiple tiene la siguiente forma:

$$y_i = \beta_0 + \beta_1 x_{1i} + \beta_2 x_{2i} + \cdots \beta_k x_{ki} + u_i$$

Hipótesis

Independencia en los residuos: No autocorrelación

Homocedasticidad: Varianza de residuos constante

No-colinealidad: No existe relación lineal exacta entre ninguna variable independiente.

Normalidad

Aplicaciones de la regresión lineal múltiple:

Este tipo de regresión permite predecir tendencias y valores futuros. El análisis de regresión lineal múltiple ayuda a determinar el grado de influencia de las variables independientes sobre la variable dependiente, es decir, cuánto cambiará la variable dependiente cuando cambiemos las variables independientes.

- Predicción: sabiendo que un sujeto entró en la empresa con un salario de 10,000 pesos, ¿cuál será su salario actual?

- Simulación: ¿Cuál sería el salario actual de un sujeto que hubiera entrado en la empresa con un salario de 10,000 pesos? ¿y si fuera de 5,000 pesos?

- Contraste de teorías: ¿la variable salario inicial sirve para explicar el salario actual? Sí, ya que el valor de su parámetro estimado siempre es distinto de cero.

3. Optimización de procesos con superficies de respuesta

Los diseños de experimentos factoriales y fraccionales, sirven para hacer una selección de factores más relevantes que afectan el desempeño del proceso. El paso siguiente es la optimización del proceso, o la búsqueda de las condiciones de operación para las variables del proceso que lo optimicen.

3.1. Métodos y diseños de superficies de respuesta

Sirven para modelar y analizar aplicaciones donde la respuesta de interés es influenciada por diversas variables y el objetivo es optimizar esta respuesta.

Supóngase que se desea obtener el máximo rendimiento en un proceso (y) que tiene como variables relevantes la temperatura de reacción (x_1) y el tiempo de reacción (x_2). La función de rendimiento está en función de temperatura y tiempo, o sea:

$$n = f(x_1, x_2)$$

3.2. Superficie de respuesta

La superficie representada por la ecuación anterior se denomina superficie de respuesta.

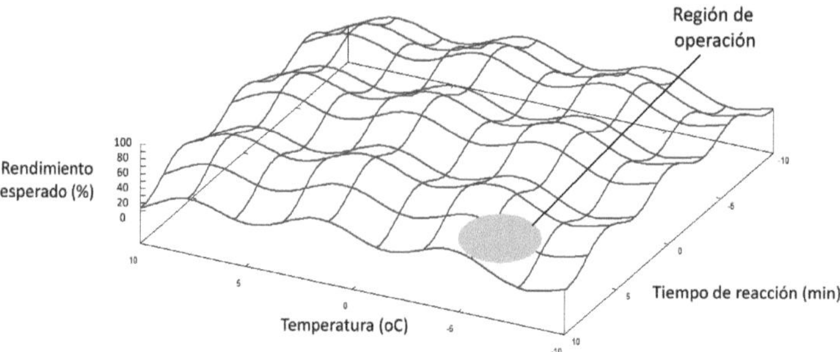

Figura 13. Ejemplo de superficie de respuesta tridimensional, muestra el rendimiento esperado en función de la temperatura y tiempo

Entre las cosas de interés a tratar con el método de superficies de respuesta está la localización de valores máximos o mínimos desconocidos por fuera de una zona con valores conocidos (región de operación) en la espera de encontrar fuera de esos valores otros que pudieran mejorar las condiciones de operación tradicionales.

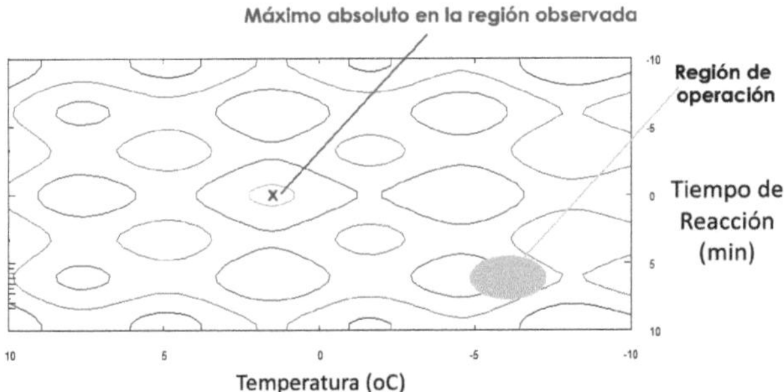

Figura 14. Localización de un máximo absoluto fuera de la región de operación.

Si la respuesta es modelada adecuadamente por una función lineal de las variables independientes, entonces la función de aproximación es el modelo de primer orden, por ejemplo:

$$y = \beta_0 + \beta_1 x_1 + \beta_2 x_2 + \dots \beta_k x_k + \varepsilon$$

3.2.1. Modelos no lineales

Si hay curvatura en el sistema, entonces se requiere un polinomio de mayor orden por ejemplo, el modelo de segundo orden

$$Y = \beta_0 + \sum_{i=1}^{k} \beta_i X_i + \sum_{i=1}^{k} \beta_{ii} X_i^2 + \sum_{i=1}^{k-1}\sum_{j=2}^{k} \beta_{ij} X_i X_j + \varepsilon$$

3.2.2. El método de ascenso rápido

Frecuentemente el estimado inicial de las condiciones óptimas de operación, se encuentran lejos del verdadero óptimo. En tal circunstancia el objetivo es moverse rápidamente a la vecindad del óptimo verdadero, en forma económica. En estas condiciones se utiliza un modelo de primer orden.

El método de ascenso rápido es un procedimiento para moverse secuencialmente por la trayectoria de ascenso rápido, o sea, en la dirección del máximo incremento de la respuesta. Por supuesto, si lo que se busca es la minimización, entonces se utiliza el método de descenso rápido, básicamente igual, pero en busca de un mínimo.

El modelo ajustado de primer orden es:

$$\hat{y} = \hat{\beta}_0 + \sum_{i=1}^{k} \hat{\beta}_i x_i$$

Para este modelo de superficie de respuesta de primer orden, los contornos de   son una serie de líneas rectas paralelas como se muestra en la siguiente figura:

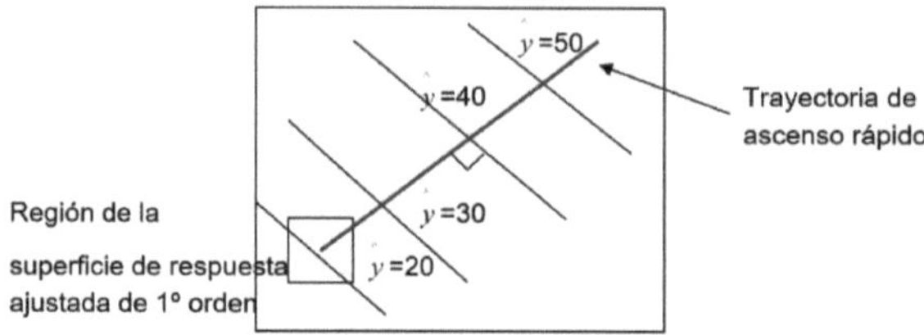

Figura 15. Búsqueda de la trayectoria de mayor ascenso.

La dirección de ascenso rápido es la dirección en la cual $\hat{y}$ se incrementa más rápido, esta dirección es normal a los contornos de la superficie de respuesta ajustada y *se toma como trayectoria de ascenso rápido, la línea que pasa al centro de la región de interés y normal a los contornos de la superficie ajustada.*

De esta forma, los pasos a lo largo de la trayectoria son proporcionales a los coeficientes de regresión $\hat{\beta}_i$*.* El experimentador determina la cantidad real de movimiento a lo largo de esta trayectoria en base a su conocimiento del proceso u otras consideraciones prácticas.

Los experimentos se realizan a lo largo de la trayectoria de ascenso rápido hasta que ya no se observa incremento en la respuesta o hasta que la región de la respuesta deseada se alcanza. Entonces se usa un nuevo modelo de primer orden, se determina la dirección de una nueva trayectoria de ascenso rápido y de ser necesario, se realizan experimentos adicionales en esa dirección hasta que el experimentador sienta que está cerca del óptimo.

Un ejemplo

Un ingeniero químico está interesado en determinar las condiciones de operación que maximizan el rendimiento de un proceso.

Hay dos variables de control que influyen Tiempo de reacción y temperatura de reacción, el punto de operación actual es 35 minutos y 155°F que da un rendimiento del 40% aproximadamente.

Se hace un diseño experimental variando el tiempo (30 a 40 minutos) y la temperatura (150 a 160°F).

Solución

Por simplicidad se codifican las variables en el intervalo (-1, 1). Si las variables codificadas son x_1 y x_2, y las variables naturales son $\xi 1$ y $\xi 2$ se tiene:

$$x_1 = \frac{\xi_1 - 35}{5}$$
$$x_2 = \frac{\xi_2 - 155}{5}$$

El arreglo y los datos experimentales son:

Corrida	Variables del Proceso Tiempo (min.)	Temp.(°F)	Variables codificadas X1	X2	Rendimiento Y
1	30	150	-1	-1	39.3
2	30	160	-1	1	40.0
3	40	150	1	-1	40.9
4	40	160	1	1	41.5
5	35	155	0	0	40.3
6	35	155	0	0	40.5
7	35	155	0	0	40.7
8	35	155	0	0	40.2
9	35	155	0	0	40.6

Para la trayectoria de ascenso rápido

Se elige el tamaño de paso de una de las variables del proceso Δx_j

La variable que tiene el coeficiente en valor absoluto más alto. En este caso se elige x_1.

El tamaño del paso para las otras variables es

$$\Delta x_i = \frac{\hat{\beta}_i}{\hat{\beta}_j/\Delta x_j}\dots i = 1,2,..,k; --para..i \neq j$$

En este caso

$$\Delta x_2 = \frac{\hat{\beta}_2}{\hat{\beta}_1/\Delta x_1} = \frac{0.325}{(0.775)/1.0} = 0.42$$

Para convertir los tamaños de los pasos codificados ($\Delta x_1 = 1.0$ y $\Delta x_2 = 0.42$) a las unidades naturales de tiempo y temperatura se tiene:

$$\Delta x_1 = \frac{\Delta \xi_1}{5}$$

$$\Delta x_2 = \frac{\Delta \xi_2}{5}$$

$$\Delta \xi_1 = \Delta x_1(5) = 1*5 = 5mi.$$

$$\Delta \xi_2 = \Delta x_2(5) = 0.42*5 = 2°F$$

Tomando el punto correspondiente a (0,0) se realizan experimentos individuales adicionales, incrementando las variables en los pasos indicados arriba resultando en:

Pasos	Variables Codif.		Variables Naturales		Respuesta
	X1	X2	ξ_1	ξ_2	y
Origen	0	0	35	155	
Δ	1	0.42	5	2	
Orig.+Δ	1	0.42	40	157	41.0
Orig.+2Δ	2	0.84	45	159	42.9
Orig.+3Δ	3	1.26	50	161	47.1

Orig.+4Δ	4	1.68	55	163	49.7
Orig.+5Δ	5	2.10	60	165	53.8
Orig.+6Δ	6	2.52	65	169	59.9
Orig.+7Δ	7	2.94	70	171	65.0
Orig.+8Δ	8	3.36	75	173	70.4
Orig.+9Δ	9	3.78	80	175	77.6
Orig.+10Δ	10	4.20	85	177	80.3
Orig.+11Δ	11	4.62	90	179	76.2
Orig.+12Δ	12	5.04	95	181	75.1

Se observa que el punto décimo representa el valor máximo de la trayectoria de experimentación por lo que ahora se tomará como nuevo punto central (0,0)el punto (85, 175) y la región de experimentación para $\xi 1$ es (80,90) y para $\xi 2$ es (170,180), con las variables codificadasx_1 y x_2, como sigue:

$$x_1 = \frac{\xi_1 - 85}{5}$$

$$x_2 = \frac{\xi_2 - 175}{5}$$

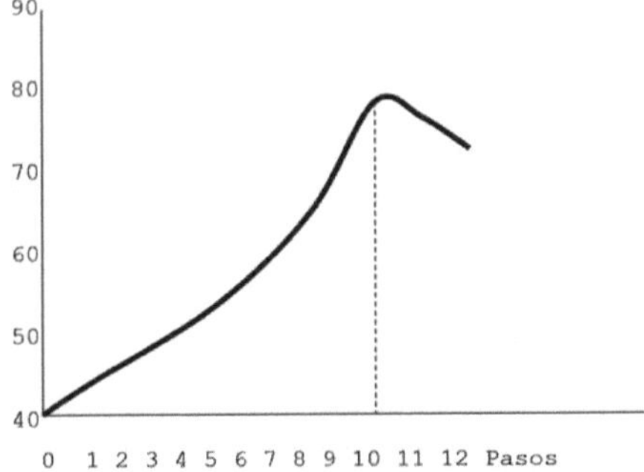

Figura 16. Curva de ascenso máximo después de 12 iteraciones.

Haciendo nuevos experimentos alrededor del nuevo punto (0,0) se tiene:

| Corrida | Variables del Proceso | | Variables codificadas | | Rendimiento |
	Tiempo (min.)	Temp.(ºF)	X1	X2	Y1
1	80	170	-1	-1	76.5
2	80	180	-1	1	77.0
3	90	170	1	-1	78.0
4	90	180	1	1	79.5
5	85	175	0	0	79.9
6	85	175	0	0	80.3
7	85	175	0	0	80.0
8	85	175	0	0	79.7
9	85	175	0	0	79.8

Como la curvatura es significativa ahora aplicamos el modelo central compuesto que se muestra abajo para obtener un modelo de segundo orden.

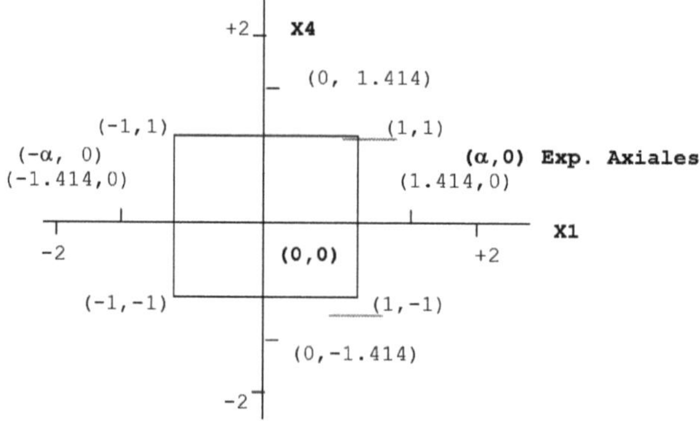

Figura 17. Diseño Central Compuesto en las variables codificadas del ejemplo.

La ecuación de segundo grado que nos dará tiene la forma siguiente:

$$\hat{y} = \hat{\beta}_0 + \sum_{i=1}^{k} \hat{\beta}_i X_i + \sum_{i=1}^{k} \hat{\beta}_{ii} X_i^2 + \sum_{i=1}^{k-1}\sum_{j=2}^{k} \hat{\beta}_{ij} X_i X_j + \varepsilon$$

Los experimentos a realizar por medio del diseño central compuesto tomando el nuevo punto (0,0) en (85, 175) y agregando puntos axiales en +- 1.414. De manera que queda:

Corrida	Variables del Proceso		Variables codificadas		Rendimiento
	Tiempo (min.)	Temp.(ºF)	X1	X2	Y2
1	80	170	-1	-1	76.5
2	80	180	-1	1	77.0
3	90	170	1	-1	78.0
4	90	180	1	1	79.5
5	85	175	0	0	79.9
6	85	175	0	0	80.3
7	85	175	0	0	80.0
8	85	175	0	0	79.7
9	85	175	0	0	79.8
10	92.07	175	1.414	0	78.4
11	77.93	175	-1.414	0	75.6
12	85	182.07	0	1.414	78.5
13	85	167.93	0	-1.414	77.0

En Minitab se forma este diseño central compuesto por medio de:

```
>Stat >DOE >Surface response > Create surface response Design
>Central composite design
Designs Center points 5, para 13 corridas;  Alfa custom 0.05
Options: Quitar Randomize
```

Introducir datos de respuestas de rendimiento

Analizar el diseño con:

```
>Stat >DOE > Surfase response > Analyze surfase response design
```

La ecuación de regresión queda como:

$$Y = 79.94 + 0.995A + 0.515B - 1.376\,A^2 - 1.001\,B^2 + 0.25AB$$

Para las gráficas de contornos y de superficie de respuesta se obtienen de Minitab con:

```
>Stat >DOE >Surfase response > Contour / Surfase plots
```

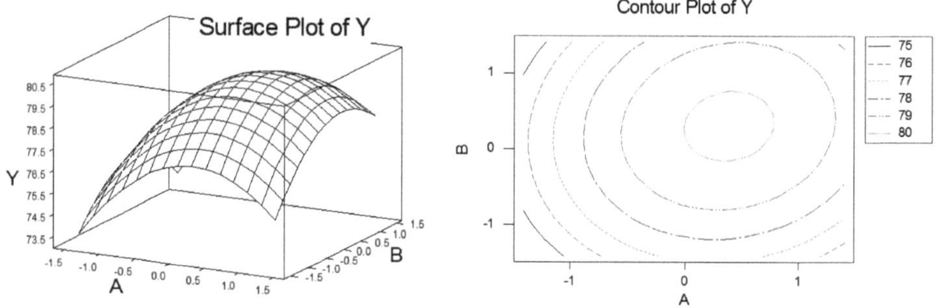

Figura 18. Gráficas de superficie y de contorno generadas por Minitab.

4. Programación lineal: método gráfico

La solución de un modelo de programación Lineal por medio del método gráfico, consiste en la búsqueda de la combinación de valores para las variables de decisión que optimicen el valor de la función objetivo, si es que dicha combinación existe.

Gráficamente se define una región que deje satisfechas a todas y cada una de las restricciones y se sigue un criterio de decisión. De forma práctica sólo problemas de tres variables de decisión o menos serán representables y solucionables siguiendo este método.
A la región que satisface a todas y cada una de las restricciones de un modelo de programación Lineal se le llama **región factible** y consiste en todas las combinaciones de los valores para las variables de decisión, que son válidas como una solución del modelo.

En la figura 19 podemos apreciar la **región factible** la cual esta coloreada con beige. Para saber si se toma la región por debajo o por encima de la recta se reemplaza el punto (0,0) en cada una de las ecuaciones. Por ejemplo, si sale 0<3 entonces si cumple con la desigualdad y se toma el área por debajo de la recta, pero por otro lado si sale 0>3 no cumple con la desigualdad, entonces se toma el área que esta por encima de la recta.

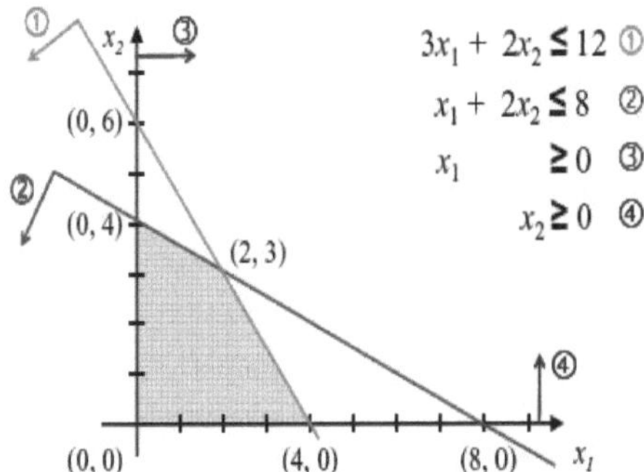

Figura 19. Un ejemplo de solución a un problema de programación lineal.

4.1. Método gráfico

Así, el Método gráfico para resolver problemas de programación lineal consiste en los siguientes pasos:

1. Se determinan todos los vértices de la región de factibilidad. Se evalúa la función objetivo para cada uno de los puntos de cada esquina.
2. Se define como punto óptimo a aquel que alcance el mejor valor en la función objetivo y se establece siguiendo uno de los dos criterios:
   a. En maximización, el mayor valor
   b. En minimización, el menor valor

<u>Restricciones Activas:</u>

son aquellas que forman parte del conjunto factible y del Vértice Optimo.

<u>Restricciones Inactivas:</u>

son aquellas que forman parte del conjunto factible pero no del Vértice Optimo.

<u>Restricciones Redundantes:</u>

son aquellas que si las eliminamos no afectan ni al conjunto factible ni a la solución óptima.

Ejemplo:

$Z\ max = 20\,x1 + 25\,x2$

sujeto a:

R1: $3x1 + 2x2 \leq 12$ (color beige)

R2: $x1 + 2x2 \leq 8$ (color rojo)

$x1 \geq 0,\ x2 \geq 0$

La región factible seria:

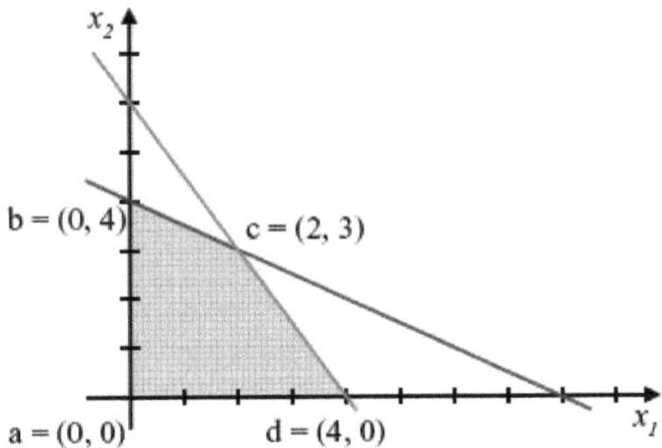

Figura 20. Región factible para el problema de programación lineal.

Solución:

a. *Zmax* (0, 0) = 20(0) + 25(0) = 0

b. *Zmax* (0, 4) = 20(0) + 25(4) = 100

c. *Zmax* (2, 3) = 20(2) + 25(3) = 115

d. *Zmax* (4, 0) = 20(4) + 25(0) = 80

Los valores óptimos son:

Valor Optimo: 115

Vértice Optimo: (2,3)

5. Optimización en redes: Teoría de Grafos

En algunos problemas de optimización puede ser útil representar el problema a través de una gráfica: ruteo de vehículos, distribución de producto, programa de actividades en un proyecto, redes de comunicación, etc.

5.1. Modelos de redes: conceptos básicos

Gráfica

- Es un conjunto de nodos (n) y arcos (a) que conectan los nodos. Notamos g=(n,a)
- Los nodos se numeran: 1,2,...,n
- Los arcos se denotan (i,j) indicando que une el nodo i al nodo j
- Un arco (i,j) es dirigido si conecta i con j pero no j con i.

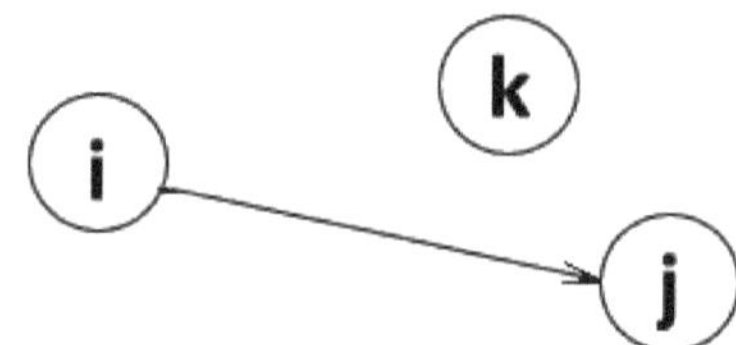

Figura 21. Representación de una gráfica g(n,a).

Gráfica dirigida

- Una gráfica g=(n,a) es dirigida si sus arcos están dirigidos.
- En una gráfica no dirigida (i,j) y (j,i) representan el mismo arco (no dirigido).

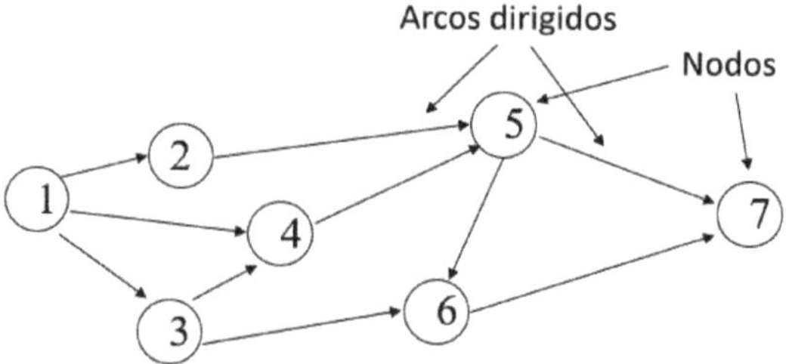

Figura 21. Representación de una gráfica dirigida g(n,a).

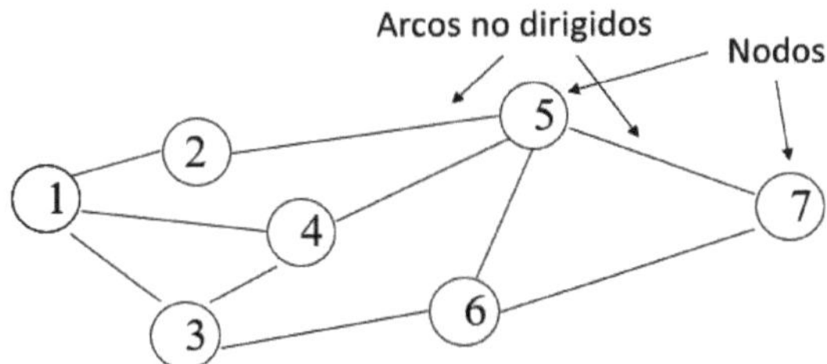

Figura 22. Representación de una gráfica no dirigida g(n,a).

Camino o Ruta

Un Camino o Ruta del nodo i al nodo j es una secuencia de arcos que unen el nodo i con el nodo j: (i,i_1), (i_1,i_2), (i_2,i_3),…,(i_k,j). Ruta de k arcos.

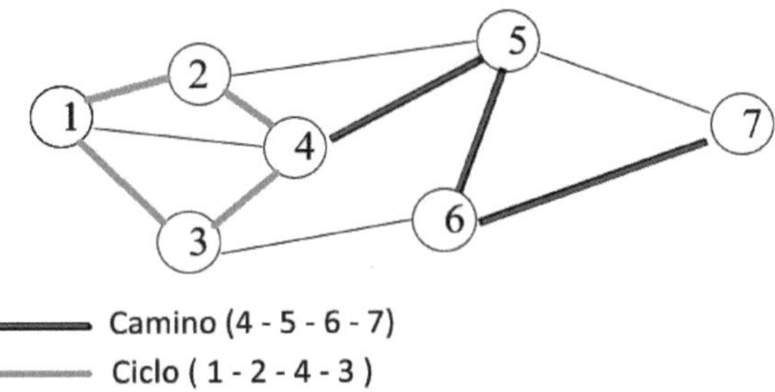

Figura 22. Representación de ciclo y camino en una gráfica g(n,a).

Ciclo

Un Ciclo es un camino que une un nodo consigo mismo:(i,i_1), (i_1,i_2), (i_2,i_3),…,(i_k,i)

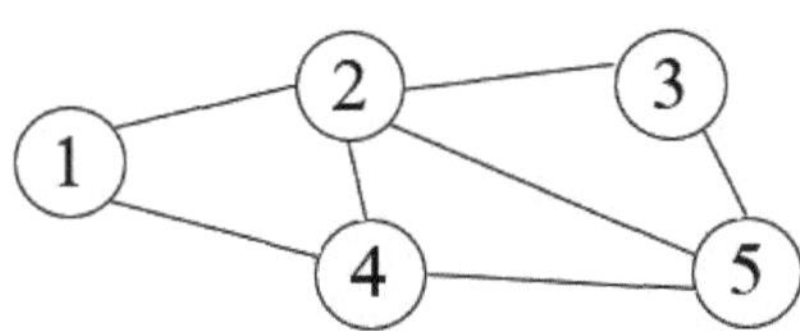

Figura 23. Representación de una gráfica g1(n,a) conexa.

Una subgráfica G'=(N',A') de una gráfica G=(N,A) es un conjunto de nodos y arcos de G: N' $\in$ N y G' $\in$ G.

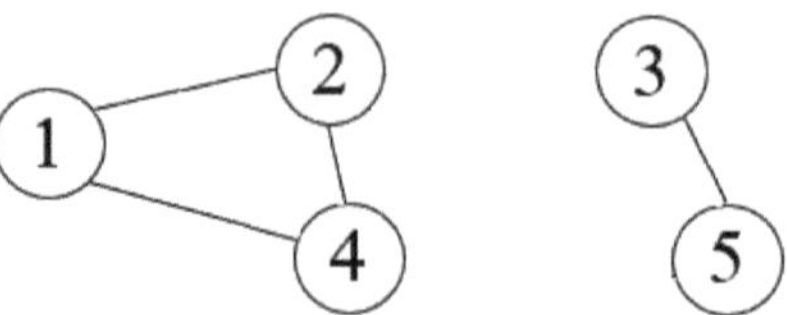

Figura 23. Representación de una subgráfica g1'(n,a) no conexa.

Una gráfica G=(N,A) es conexa si para cada par de nodos i,j $\in$ N existe un camino que conecte el nodo i con el nodo j.

Arbol

Un árbol de una gráfica G=(N,A) es una subgráfica G'=(N',A') de G que es conexa y no contiene ciclos. Si el Árbol contiene todos los nodos de G (N'=N) se dice que es un Árbol Generador.

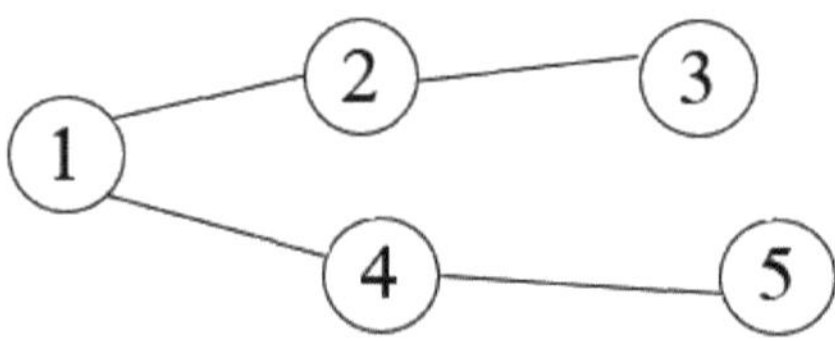

Figura 24. Representación de una árbol generador de g1(n,a).

Red

Una red es una gráfica con uno o mas valores asignados a los nodos y/o a los arcos:

Nodos: (a_i)demanda, oferta, eficiencia, confiabilidad.

Arcos: (c_{ij}) costo, distancia, capacidad

Ejemplos: representar a través de una red : red de agua potable, red de comunicación, red logística.

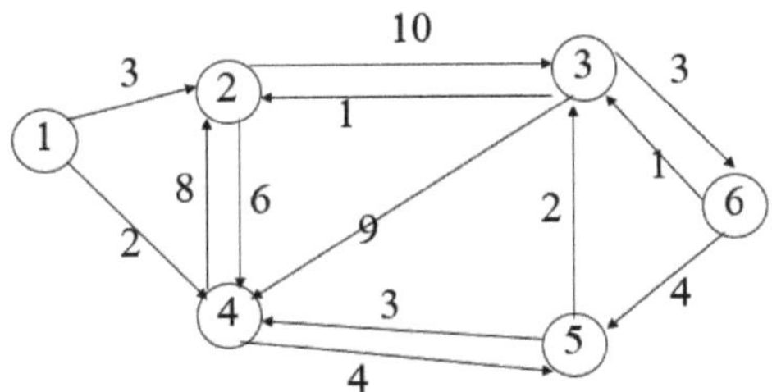

Figura 25. Representación de una red.

5.2. Problemas y modelos de redes

Problema:

Encontrar la ruta más corta de la planta al centro de distribución pasando por ciudades intermedias. Problemas de transbordo. Política de reemplazo de equipo.

Modelo de la ruta más corta: dada una red dirigida G=(N,A) con distancias asociadas a los arcos (c_{ij}), encontrar la ruta más corta del nodo i al nodo j, donde i,j$\in$N

Problema:

Transportar la mayor cantidad de producto posible a través de una red de distribución: ductos, tráfico vehicular.

Modelo de flujo máximo: dada una red dirigida G=(N,A) con capacidades en los arcos (c_{ij}) encontrar la mayor cantidad de flujo total de un nodo fuente a un nodo destino

Problemas: programar las actividades de un proyecto y determinar el tiempo requerido para terminar el proyecto así como las actividades "críticas"

Modelo CPM, PERT

Problemas:

Redes de comunicaciones. Conectar todos los nodos con el mínimo costo.

Modelo del árbol generador mínimo: dada una red conexa no dirigida G=(N,A) con costos c_{ij} en cada arco (i,j) $\in$ A, encontrar el Árbol Generador de costo mínimo

Problema del Agente Viajero: encontrar el camino más corto saliendo de un nodo y regresando al mismo.

<u>Modelo del agente viajero</u>: encontrar un ciclo en una red (dirigida o no dirigida). Un (camino) ciclo que no repite nodos es un (camino) o ciclo Hamiltoniano.

No siempre existe solución óptima.

Otras aplicaciones de los modelos de optimización utilizando teoría de grafos

- LAYOUT: distribución física de instalaciones.
- MANUFACTURA CELULAR: separa componentes en familias de partes y máquinas en células de manufactura.
- Programación de la producción en el tiempo.

Red de flujo de costo mínimo

Los problemas de transporte, transbordo, camino mas corto, flujo máximo,red de proyectos(CPM) son casos especiales del modelo de flujo de costo mínimo en una red y pueden resolverse con una forma especial del Simplex .

Algoritmo de Dijktra para la ruta más corta

Encuentra la ruta mas corta de un nodo de la red (nodo origen) a cualquier otro nodo, cuando los costos en los arcos (distancias) son no negativos.Los nodos se marcan con marcas Temporales y Permanentes, comenzando por el nodo origen. Un nodo tiene una marca Permanente si se ha encontrado la menor distancia a ese nodo. Un nodo j tiene marca temporal si existe el arco (i, j) y el nodo i tiene marca Permanente.

La marca del nodo j es de la forma $[u_j,i]=[u_i+c_{ij},i]$, donde u_i es la distancia mas corta del nodo origen al nodo i con marca Permanente y c_{ij} el costo del arco (i,j). Los nodos que no pueden alcanzarse directamente a partir de un nodo con marca Permanente tendrán marca Temporal igual a ∞.

Algoritmo de Dijktra

```
Sea i=1 el nodo origen
```

Paso 0:

marcar el nodo origen con [0,0], i=1, P={1}, T={2,3,…n}.

Paso 1:

∀ j∈T marcar [u_j,,i]=[u_i+c_{ij},i]. Si el nodo j tiene marca temporal [u_j,k] y u_i+c_{ij}<u_j reemplazar [u_j,k] por [u_i+c_{ij},i].

Paso 2:

hallar k∈T tal que c_{ik}=min{c_{ij},j∈T}, hacer, T=T-{k}, P=P+{k}. Marcar el nodo k en forma permanente. Si T=∅ parar, sino pasar al Paso 1.

Ejemplo de aplicación del Algoritmo de Dijkstra

Los nodos de la red representan las estaciones de transbordo de un sistema de transporte en una ciudad. Los arcos representan las rutas posibles y las distancias representan el tiempo de recorrido que depende de las paradas. El origen está en el nodo 1 y en el nodo 6 se encuentra el final del recorrido. Se quiere encontrar la ruta más corta del origen a cada nodo de transbordo y en particular la ruta más corta al destino final.

Red

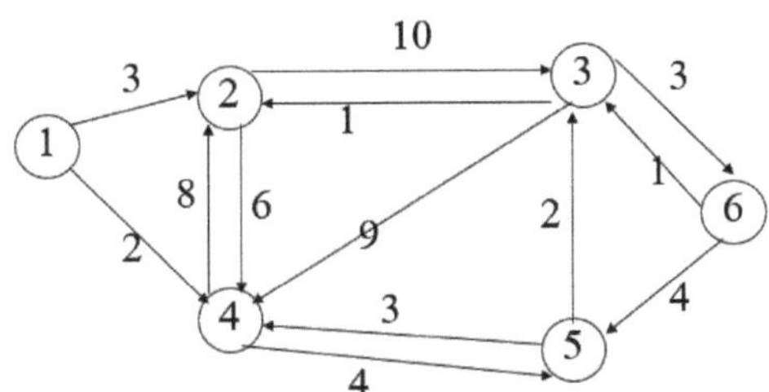

Solución

NODO	1	2	3	4	5	6	T={1,2,3,4,5,6},P={∅}
Iter 1	$[0,0]_p$	∞	∞	∞	∞	∞	T={2,3,4,5,6},P={1}
Iter 2	$[0,0]_p$	[3,1]	∞	$[2,1]_p$	∞	∞	T={2,3,5,6},P={1,4}
Iter 3	$[0,0]_p$	$[3,1]_p$	∞	$[2,1]_p$	[6,4]	∞	T={3,5,6},P={1,4,2}
Iter 4	$[0,0]_p$	$[3,1]_p$	[13,2]	$[2,1]_p$	$[6,4]_p$	∞	T={3,6},P={1,4,2,5}
Iter 5	$[0,0]_p$	$[3,1]_p$	$[8,5]_p$	$[2,1]_p$	$[6,4]_p$	∞	T={6},P={1,4,2,5,3}
Iter 6	$[0,0]_p$	$[3,1]_p$	$[8,5]_p$	$[2,1]_p$	$[6,4]_p$	$[11,3]_p$	T={∅},P={1,4,2,4,3}

Solución

Para determinar la ruta más corta desde el nodo origen a cualquier otro nodo se procede como sigue:

> Partiendo del nodo terminal escogido (k) buscar en la marca el nodo adyacente [u_k,j], es decir el nodo j. Proceder de igual manera hacia atrás en la red. La distancia mínima es u_k

La ruta más corta del nodo origen al nodo 6 tiene una distancia igual a 11 y la ruta es:

> 1,4,5,3,6.
>
> La ruta mas corta al nodo 3 es:
>
> 1, 4,5,3 con distancia igual a 8

Ejemplo: reemplazo de equipo

Se desea determinar la política óptima de sustitución de equipo para cierto horizonte de tiempo, de 2000 a 2005. Al principio de cada año se toma una decisión acerca de si se debe mantener el equipo en operación o si se debe reemplazar. La tabla muestra la estrategia posible de reemplazo y el costo de reemplazo del equipo en función del año en el que se adquiere.

Año de adquisición	Costo de reemplazo por años de operación				
	1	2	3	4	5
2000	100	200	340		700
2001	150	300	400	500	
2002	200				
2003	80	150			
2004	120				

Cada arco de la red indica una compra en el año i (nodo i) y su sustitución en el año j (nodo j).

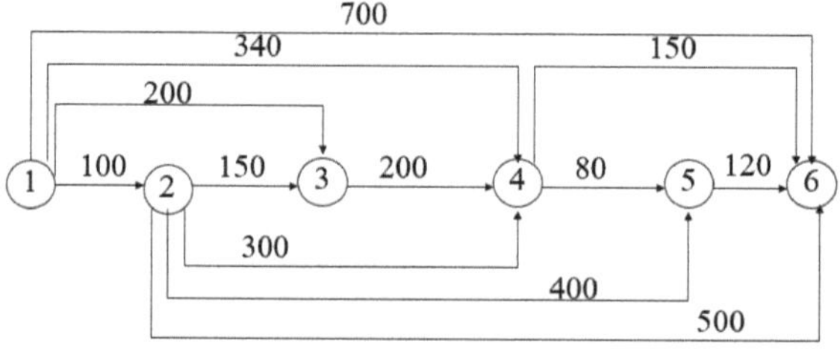

5.3.   Modelo de transporte

El problema de transportación es un tipo de modelo de redes de distribución que utiliza las características especiales de dicha estructura para obtener un procedimiento de resolución específico denominado *técnica de transporte*.

Definición

El modelo de transporte se puede definir como una técnica que busca determinar un programa de transporte de productos o mercancías desde los orígenes hasta los diferentes destinos al menor costo posible.

Objetivo

En términos de programación lineal, la técnica de transporte busca determinar la cantidad que debe ser enviada desde cada origen a cada destino para satisfacer los requerimientos de demanda y abastecimiento de materiales a un costo mínimo.

Aplicaciones a casos como:

- Control y diseño de plantas de fabricación.
- Determinar zonas o territorios de ventas.
- Determinación de centros de distribución o almacenamiento.
- Programación de producción periódica.
- Decisiones de producción en tiempo extra y en tiempo normal.
- Problemas de proveedores de empresas manufactureras o de servicios.

Los supuestos considerados como desventajas son:

1. Los costos de transporte son una función lineal del número de unidades.
2. Tanto la oferta como la demanda se expresan en unidades.
3. Los costos unitarios de transporte no varían de acuerdo con la cantidad transportada.
4. La oferta y la demanda deben ser iguales.
5. Las cantidades de oferta y demanda no varían con el tiempo.
6. No considera más efectos para la localización que los costos del transporte.

Representación gráfica del Modelo de transporte

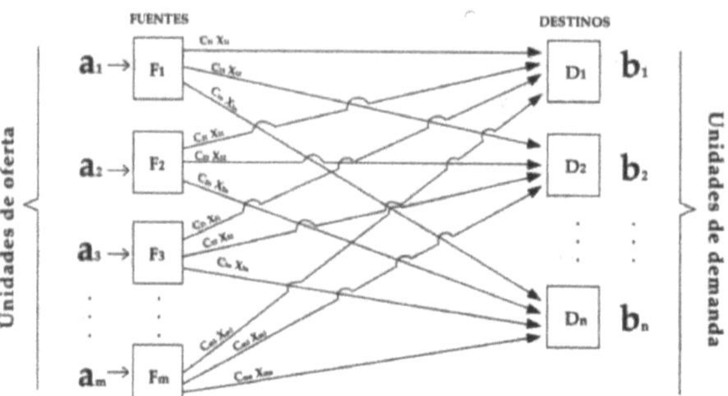

Figura 26. Representación de gráfica del modelo de transporte.

Parámetros del Modelo de transporte:

a_i : restricciones de máxima oferta o capacidad de los centros de producción, distribución o almacenaje.

b_j: requerimientos mínimos de demanda, y representan las necesidades mínimas que tienen los destinos j que hay que satisfacer en el menor tiempo posible.

n : número total de destinos a los que hay que transportar las unidades.

m : número de fuentes o centros de distribución.

X_{ij} : número de unidades que hay que transportar del origen i al destino j.

C_{ij} : costo unitario de transporte del origen i al destino j.

Formulación del Modelo de Transporte

$$Z(\min) = \sum_{i=1}^{m} \sum_{j=1}^{n} x_{ij}\, c_{ij}$$

$$\sum_{j=1}^{n} x_{ij} = a_{ij};\ \sum_{i=1}^{m} x_{ij} = b_{ij};$$

Modelo de transporte balanceado

El modelo de transporte debe estar balanceado para que pueda ser solucionado por medio de la herramienta de transporte.

Consiste en agregar una restricción en la que se debe cumplir que las cantidades totales ofrecidas deben ser iguales al total de las unidades demandadas.

Modelo de transporte balanceado

Tabla de transporte

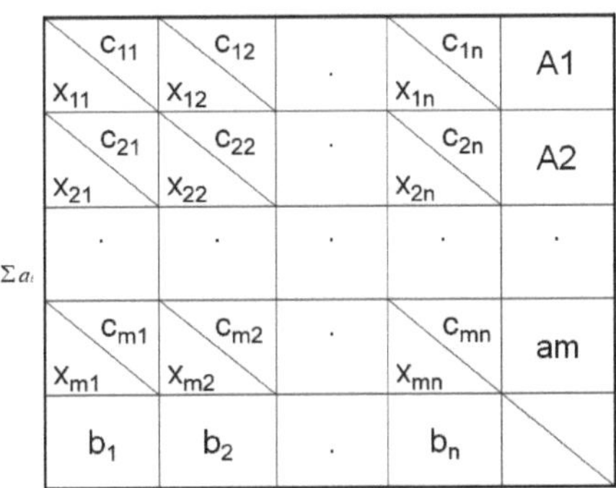

Prerrequisitos de diseño de la tabla de transporte

Un modelo de transporte desbalanceado puede ocurrir por dos situaciones:

    a. Suministro en exceso y demanda insuficiente.

    b. Demanda en exceso y suministros insuficientes.

En estas situaciones es necesario agregar un destino (a) o un origen (b) para balancear el modelo con unos C_{ij} iguales a cero, ya que se convierten las celdas del renglón o columna ficticia en variables de holgura con contribución de cero.

Solución al modelo de transporte

Entre los *métodos de transporte* que conforman la técnica de transporte se tienen:

- Método de la esquina noroeste.
- Método de la celda de mínimo costo
- Método de aproximación de Vogel (MAV)
- Método modificado de distribución (MODI)
- Método del cruce del arroyo

Solución óptima

La técnica de transporte es un conjunto de métodos que permiten obtener una solución inicial no óptima o la solución óptima, dependiendo del método que se utilice.

Una solución óptima es aquella en la cual:

1) Cada valor X_{ij} es entero no negativo.

2) Los valores X_{ij} de cada fila se suman para verificar la equivalencia con la oferta de cada origen.

3) Los valores de los X_{ij} de cada columna se suman para verificar la equivalencia con la demanda de cada destino.

Procedimiento general

PASO 1

Consiste en encontrar un plan de transporte inicial con m + n - 1 celdas asignadas, utilizando la Esquina noroeste, Costo mínimo o Método de aproximación de Vogel (MAV).

PASO 2

Prueba de optimalidad. Esta prueba consiste en identificar la posibilidad de crear un nuevo plan de transporte enviando una unidad de una celda vacía actualmente e incurrir en menor costo total.

Prueba de optimalidad

a) Calcular los costos reducidos para las celdas vacías.

El costo reducido representa la cantidad en la cual cambia el costo total al enviar una unidad por una celda vacía.

Un valor positivo indica un incremento en el costo total; un valor negativo indica una disminución del costo y, por tanto, una mejora del plan.

b) Verificar los costos reducidos.

El plan actual es óptimo únicamente cuando todos los costos reducidos sean positivos.

PASO 3

Traslado.

Cuando una solución no es óptima, se debe encontrar un nuevo plan a partir de las celdas vacías cuyo costo reducido sea el más negativo.

Los detalles matemáticos de este algoritmo se presentan conforme se desarrolla.

5.3.1. Método de la esquina noroeste

Procedimiento

El procesador se debe ubicar en la celda superior izquierda, y asignar la mayor cantidad posible.

Hacer las demás asignaciones recorriendo la ruta vertical u horizontalmente que satisfagan la demanda de izquierda a derecha, y las ofertas de arriba hacia abajo.

Obtener el valor total de transportación estimando Z:

Origen \ Destino	1	2	3	Oferta
A	10	8	4	45
B	9	5	7	50
C	3	6	9	45
D	5	7	6	30
Demanda	90	30	50	170

Origen \ Destino	1	2	3	Oferta
A	45 — 10	X — 8	X — 4	45
B	9	5	7	50
C	3	6	9	45
D	5	7	6	30
Demanda	90	30	50	170

Destino / Origen	1	2	3	Oferta
A	45 [10]	X [8]	X [4]	45
B	45 [9]	5 [5]	X [7]	50
C	X [3]	[6]	[9]	45
D	X [5]	[7]	[6]	30
Demanda	90	30	50	170

Destino / Origen	1	2	3	Oferta
A	45 [10]	X [8]	X [4]	45
B	45 [9]	5 [5]	X [7]	50
C	X [3]	25 [6]	[9]	45
D	X [5]	X [7]	[6]	30
Demanda	90	30	50	170

Destino / Origen	1	2	3	Oferta
A	45 [10]	X [8]	X [4]	45
B	45 [9]	5 [5]	X [7]	50
C	X [3]	25 [6]	20 [9]	45
D	X [5]	X [7]	30 [6]	30
Demanda	90	30	50	170

Figura 27. Método de la esquina noroeste

5.3.2. Método de aproximación de Vogel

Procedimiento:

a) Determine una penalización para cada renglón y columna restando los dos costos menores de ese renglón y columna. Las penalizaciones se notan Ar_i y AC_i

b) Determine la mayor penalización, rompiendo arbitrariamente los empates; puede señalar con un asterisco la mayor penalización.

c) Asigne la mayor cantidad posible a la variable con el costo unitario mínimo de ese renglón o columna seleccionado (a).

d) Elimine el renglón y/ o columna satisfecho llenando de ceros las celdas vacías de ese renglón o columna, a fin de no tenerse en cuenta para cálculos futuros.

e) Si sólo queda un renglón o columna sin eliminar, continúe con el método de costo mínimo para balancear el sistema.

f) En caso de que no se cumpla el literal e, vaya al literal a.

g) Halle el valor de la función objetivo.

	1	2	3	Oferta	AC_1	AC_2	AC_3	AC_3
A	10 / 0	8 / 0	4 / 45	45	8-4=4*			
B	9 / 15	5 / 30	7 / 5	50	7-5=2	7-5=2	7-5=2	
C	3 / 45	6 / 0	9 / 0	45	6-3=3	6-3=3*		
D	5 / 30	7 / 0	6 / 0	30	6-5=1	6-5=1	6-5=1	
Demanda	90	30	50	170				
AR_1	5-3=2	5-6=1	6-4=2					
AR_2	5-3=2	6-5=1	7-6=1					
AR_3	9-5=4*	7-5=2	7-6=1					
AR_4								

$$A\text{-}1 = +10-9+7-4 = 4$$

$$A\text{-}2 = +8-5+7-4 = 6$$

$$C\text{-}2 = +6-5+9-3 = 7$$

$$C\text{-}3 = +9-7+9-3 = 8$$

$$D\text{-}2 = +7-5+9-5 = 6$$

$$D\text{-}3 = +6-7+9-5 = 3$$

$$Z_{(min)} = X_{13}C_{13}+X_{21}C_{21}+X_{22}C_{22}+X_{23}C_{23}+X_{31}C_{31}+X_{41}C_{41}$$

$Z_{(min)} = 45x4 + 15x9 + 30x5 + 5x7 + 45x3 + 30x5$

$Z_{(min)} = 785$

Bibliografía

MONTGOMERY, D.C. Diseño y Análisis de Experimentos. LIMUSA 2005

MONTGOMERY, D.C. Probabilidad y Estadística Aplicadas a la Ingeniería. LIMUSA 2002

NAVIDI, W. Estadística para ingenieros y científicos. McGraw Hill 2006

TENNANT, Geoff. Six sigma: SPC and TQM in manufacturing and services. Edit. Grower pub co., USA, 2001.